高等学校"十四五"规划教材·无人机应用技术

四旋翼无人机设计制造 与飞行实训教程

主编　连业达　张　哲

编者　宫存格　戴　维　全　勇　邹荣程
　　　谢梦雅　毛倩竹　张元亮　符文忠

西北工业大学出版社

西安

【内容简介】 本书基于西北工业大学民用无人机研发中心的具体产品 NPU－X04E,从四旋翼无人机的系统组成、飞行控制技术、无人机拆装、飞行训练及飞行安全五个方面展开,系统性地介绍四旋翼无人机设计过程中涉及的基础理论知识,并结合四旋翼无人机 NPU－X04E 组装调试及飞行作业实践过程中的相关问题,进行详细讲解。

本书可作为高等院校四旋翼无人机设计制造与飞行实训课程的教材及其他技能人才培训的教材。

图书在版编目(CIP)数据

四旋翼无人机设计制造与飞行实训教程 / 连业达,张哲主编. — 西安 ：西北工业大学出版社,2020.12
　　ISBN 978－7－5612－7620－4

　　Ⅰ.①四… 　Ⅱ.①连… ②张… 　Ⅲ.①无人驾驶飞机-设计 ②无人驾驶飞机-飞行控制 　Ⅳ.①V279

中国版本图书馆 CIP 数据核字(2021)第 033027 号

SIXUANYI WURENJI SHEJI ZHIZAO YU FEIXING SHIXUN JIAOCHENG
四 旋 翼 无 人 机 设 计 制 造 与 飞 行 实 训 教 程

责任编辑: 张　潼　曹　江		**策划编辑:** 杨　军	
责任校对: 朱晓娟		**装帧设计:** 李　飞	
出版发行: 西北工业大学出版社			
通信地址: 西安市友谊西路 127 号		邮编:710072	
电　　话: (029)88491757,88493844			
网　　址: www.nwpup.com			
印　刷　者: 陕西向阳印务有限公司			
开　　本: 787 mm×1 092 mm		1/16	
印　　张: 6.25			
字　　数: 160 千字			
版　　次: 2020 年 12 月第 1 版		2020 年 12 月第 1 次印刷	
定　　价: 29.00 元			

如有印装问题请与出版社联系调换

前　言

　　无人驾驶飞机简称"无人机"，是利用无线电遥控设备和自备程序控制装置操纵的不载人飞机，可实现远程控制或由机载计算机自主控制。无人机分为固定机翼无人机、多旋翼无人机和无人直升机，在发展初期多用于战场侦察、定位校射等军事任务。随着新技术的发展，无人机逐渐应用于民用领域，尤其是多旋翼无人机以其起降不需要专门场地、体积小、操作简单，可搭载多种新型传感器，便能胜任恶劣、复杂和高危环境的优势，逐渐投入灾害现场救援等多种应用场景中。

　　四旋翼无人机现已应用于多个领域，如航拍摄影、空中监视、电力架线、灾难救援、气象观测、地理测绘、资源勘探、管道巡检及农林植保等。其中航拍摄影和灾难救援是最为常见的两种工业应用场景，多旋翼无人机搭载高清航拍摄像头后，可以在救援部队到达之前就开展高空侦察活动，通过远程实时操控，及时传回清晰的图像、声音数据。通过对无人机航拍处理后生成的图像分析，后台指挥部可以根据受灾轻重，做出人员调配、物资调度和救援路线的规划，为科学救援提供精准方案。随着科学技术的不断发展，多旋翼无人机已在诸多领域具有成功应用的经验，如果将其进一步优化，提升性能指标，研制开发专业救援载荷，并建立稳定的运行制度，多旋翼无人机必将在多个领域发挥更加积极的作用。

　　2017 年，工业和信息化部发布的《关于促进和规范民用无人机制造业发展的指导意见》中指出，支持有条件的普通高校设立无人机相关专业，建立多层次多类型的无人机人才培养和服务体系，加强技能人才培训，鼓励高等院校、科研院所和企业合作，开展理论基础与实践相结合的无人机人才培养。此外，该指导意见指出，2025 年我国民用无人机产值将达到 1 800 亿元。根据世界著名的飞行器评估机构蒂尔集团的最新预测，到 2024 年，全球军用无人机市场规模将达到 810 亿美元。随着无人机领域的蓬勃发展，相关专业人才的缺口越来越大，急需高校培养一批具有无人机系统综合设计开发和行业运用能力的综合性人才。

　　本书立足航空宇航科学与技术优势学科群，结合专业特色，对读者进行系统性的创新方法、创新能力培训，为本科生搭起从课本到创新实践的桥梁，以 NPU－X04E 型无人机产品为研究学习对象，建设民用无人机设计制造与飞行实训系列教材体系，让读者在四旋翼无人机系统设计及基于工业应用场景的飞行训练等学习实践环节中，加深对理论学习的理解，积累工程经验，培养读者的工程实践能力，激发读者的创新潜能。

　　当前国内外关于旋翼无人机的相关研究主要是针对飞行控制算法，本书的重点在于通过深入浅出地讲解四旋翼无人机从设计到飞行过程中的基础理论和应用实践知识，使初次接触四旋翼无人机的读者能够全面了解相关知识。本书主要分为设计和实践两个部分,设计环节以四旋翼无人机系统总体设计和飞行控制技术为主,实训环节以四旋翼无人机组装、调试、模拟飞行、真机飞行及飞行作业等方面为主。通过学习本书中的内容,读者可以全面了解四旋翼飞行器理论和工程设计中涉及的基础知识,将理论学习和实践飞行相融合,使读者基本具备独立完成四旋翼无人机设计、开发及飞行的能力。

四旋翼无人机设计过程涉及多学科多领域,本书以四旋翼无人机技术为导引,打破传统工科教学过程中理论与实践学习相互独立、难以融合的局限,让读者体会系统工程中多学科交叉创新的重要性,在四旋翼无人机设计、组装、调试、飞行和作业的过程中,感受多学科思维解决复杂工程问题的重要性,在飞行实践与理论学习中建立系统性的工程思维。

本书教学课件请登录工大书苑(http://nwpup.iyuecloud.com/#/home)下载。

本书由连业达、张哲主编。第 1 章由宫存格编写,第 2 章由戴维编写,第 3 章由张哲编写,第 4 章由全勇、符文忠编写,第 5 章由邹荣程、谢梦雅编写,第 6 章和附录由毛倩竹、张元亮编写,连业达和张哲负责书稿整体规划和章节安排等工作。

由于水平所限,书中难免存在不足之处,恳请广大读者批评指正,有关本书的相关问题和建议可联系笔者(联系方式:mywrjzz@163.com)。

编　者
2020 年 3 月

目　　录

第1章   多旋翼无人机概述

1.1   多旋翼无人机系统基本概念

无人机一般指具有自主飞行能力、机上不搭载驾驶员的飞行系统。绝大多数无人机可以根据起降方式及飞行原理归为两种:旋翼无人机和固定翼无人机,按平台构型可以大致分为三种:固定翼无人机、无人直升机以及多旋翼无人机(在多旋翼无人机中四旋翼无人机又属于主流)。

1.1.1   多旋翼无人机的定义

多旋翼无人机是一种具有三个及以上旋翼、依靠螺旋桨旋转产生向上升力而起飞的无人机,俗称"多轴"。多旋翼有几个轴,就可以叫作"几轴",如四旋翼,我们可以称其为"四轴",通过给定电压大小驱动各轴的电动机转动,从而带动旋转,产生升推力。改变旋翼间的相对转速,可以使单轴推进力的大小发生变化,从而改变飞行器的运行轨迹。

1.1.2   多旋翼无人机系统

多旋翼无人机若想完成一项特定的任务,仅靠旋翼机本身是很难的。飞行过程中除旋翼机本身和任务设备外,还需要地面控制设备、数据通信与导航设备、维护设备、维护人员、指挥控制等多方面的协调配合。因此,完整意义上的多旋翼无人机应称为多旋翼无人机系统,它是一个高度智能化的闭环反馈控制系统。

多旋翼无人机系统包括地面系统、旋翼机系统、任务载荷和综合保障系统。其中,地面系统包括地面辅助设备系统、数据链路地面终端、地面指挥控制系统等;旋翼机系统由飞行控制系统、导航系统、飞行器平台、动力系统、数据链路机载终端、避让防撞系统以及起降着陆装置等组成;任务载荷是多旋翼无人机完成任务所需的设备,例如:完成航拍摄影、管道巡检、地理测绘、农林植保、灾难救援、气象观测及资源勘探等任务的各种专用设备;综合保障系统是保证多旋翼无人机系统能够正常工作的支援保障系统,主要包括人员及其使用培训、维护维修设备、通信和机场设施等[1]。

1.1.3   多旋翼飞行机组

在构建多旋翼无人机系统过程中起决定性因素是人。无论是在设计生产过程中,还是在实际应用飞行中,多旋翼无人机所需的资金、原材料和技术等都是靠人进行组织协调的。因

此,在实际应用飞行过程中,飞行任务的顺利完成必须要有飞行机组的参与,其主要组成人员包括[1]:

1)驾驶员:具备驾驶多旋翼无人机驾驶资格的"飞手",驾驶员在实际飞行过程中通过操作多旋翼无人机,使其按照期望的轨迹和姿态飞行。

2)机长:在飞行期间机长对包括多旋翼无人机在内的整个飞行系统的安全负责;如遇突发情况,机长必须采取紧急措施以保证飞行安全,在飞行期间机长具有最终决定权。

3)观测员:观测员在飞行过程中通过目视观测等方式,协助驾驶员完成多旋翼无人机的飞行任务。

4)运营人:指从事或拟从事多旋翼无人机运营的个人、组织或企业。

1.2 多旋翼无人机系统组成

1.2.1 机架机身

无人机的机架机身是指无人机的承载平台,一般会选择高强度轻质材料制造,例如:玻纤、碳纤维、改性塑料、铝合金、丙烯腈-丁二烯-苯乙烯共聚物(ABS)、改性聚碳酸酯(PC)、聚丙烯(PP)、尼龙及树脂等。无人机的所有设备都安装在机架机身上面,支架的数量决定了无人机的旋翼数量。

1.2.2 动力系统

无人机动力系统是为无人机提供飞行动力的部件,一般有电动和油动两种。电动多旋翼无人机是最主流的机型,动力系统由电机、电调和电池三部分组成。无人机使用的电池一般都是高能量密度的锂聚合电池,每 300 g 传统锂电池可以为 500 g(含电池)自重的无人机提供 17 min 飞行时间。受制于现有的技术水平和成本,氢燃料电池、太阳能电池等暂时还无法普及。无人机主要在露天作业,所以,无人机对电机、电调系统的稳定性要求较高,需要定期进行检查和保养。

1.2.3 飞控系统

飞控系统就是无人机的飞行控制系统的简称,不管是无人机自动保持飞行状态(如悬停)还是对无人机进行人为操作,都需要通过飞控对无人机动力系统进行实时调节。一些高阶的飞控系统除了保证无人机正常飞行和具有导航功能以外,还有安全冗余、飞行数据记录、飞行参数调整和自动飞行优化等功能。飞控系统是整个无人机的控制核心,主要由飞行控制算法、加速计、气压计、传感器、陀螺仪、地磁仪、定位芯片和主控芯片等多部件组成。

1.2.4 遥控系统

无人机遥控系统主要由遥控器、接收器、解码器和伺服系统组成。遥控器是操作平台,接收器对接收到的遥控器信号进行解码,分离出动作信号,传输给伺服系统,伺服系统根据信号做出相应的动作。

1.2.5　辅助设备系统

辅助设备系统主要包括无人机外挂平台(简称"云台")、外挂轻型相机、无线图像传输系统。云台是安装在无人机上用来挂载相机的机械构件,能满足三个活动自由度:绕 X、Y、Z 轴旋转,每个轴心内都安装有电机,当无人机倾斜时,会配合陀螺仪给相应的云台电机施加反方向的动力,防止相机随着无人机"倾斜",从而避免相机抖动,因此云台对于稳定航拍来说具有非常重要的作用。外挂轻型相机的特点是体积小、质量轻、清晰度高。无线图像传输系统在无人机航拍时,将无人机飞行状态下拍摄的画面实时、稳定地发射给地面无线图像传输遥控接收设备,无线图像传输系统具备传输距离远、传输稳定、图像清晰流畅、抗干扰、抗遮挡和低延时等特性[2]。

1.3　多旋翼无人机外形结构

多旋翼无人机的外形结构多种多样,通常有以下几种分类方式[1]。

1. 以旋翼数量划分

根据多旋翼无人机的旋翼数量,可分为四旋翼、六旋翼、八旋翼等多种类型。不同旋翼数量的构型,其空气动力学特性也是不同的。四旋翼无人机结构简单、机动性好,可以做出 3D 特技,因此深受广大无人机爱好者的喜爱。六旋翼、八旋翼无人机的特点则是稳定性好,受到航空摄影用户的深爱。

2. 以旋翼分布位置划分

根据最前与最后两个旋翼轴的连线与机体前进方向是否在同一直线上,可将多旋翼无人机划分为 I 形(或称为＋型)和 X 形两种。如果连线与前进方向在同一直线上,则多旋翼无人机呈 I 形,否则呈 X 形。由于 X 形结构的实用载荷前方的视野比 I 形的更加开阔,所以在实际应用中,多旋翼无人机大多采用 X 形外形结构。除了上述两种类型以外,还有其他类型的结构外形,包括 V 形、Y 形和 IY 形等。

3. 以共轴发动机数量划分

为了在不增大体积的情况下使多旋翼无人机的马力(总功率)更大,最简单的办法是把两台发动机上下叠放。上下两台发动机分别驱动两个大小相同、转向相反的旋翼转动,使它们产生的反扭矩相互抵消。其构型包括 IY 形共轴双桨 3 轴六旋翼、Y 形共轴双桨 3 轴六旋翼以及 V 形共轴双桨 4 轴八旋翼等类型。这种构型虽然能节省空间,但由于上下叠放的两个旋翼之间具有较大的空气动力干扰,会导致效率下降 20%。

4. 以旋翼能否倾转划分

以"鱼鹰"为代表的倾转旋翼无人机是一种将固定翼无人机和旋翼无人直升机的特点融为一体的多旋翼无人机[1]。其机身特点和普通固定翼无人机基本相似,两个机翼分别位于机身的左右两侧,位于机翼两端的 2 个螺旋桨发动机可以向上、向前转动。倾转四旋翼无人机有三种飞行模式:四旋翼飞行模式和过渡飞行模式、固定翼飞行模式。当 4 个螺旋桨发动机处于水平状态时,就可以像普通直升机一样实现垂直起降和悬停;当 4 个螺旋桨发动机处于垂直状态时,就能产生一个向前的拉力,使它能像固定翼飞机一样向前飞行;当 4 个螺旋桨发动机处于两种状态之间时,既产生了升力,又产生了拉力,使它能以低速飞行[3]。与普通无人直升机相比,倾转四旋翼无人机飞行速度快、航程远、升限高、噪声小、降落和起飞更迅速;与固定翼无人机相比,它能够实现垂直起降和空中悬停。

1.4　多旋翼无人机分类

1.4.1　多旋翼无人机的主要分类

根据多旋翼无人机的总体结构、外形、操纵方法和使用需求等特性,可将多旋翼无人机按不同方法进行分类,其中最主要的分类方法是按其动力装置的类型进行分类。多旋翼无人机的桨叶旋转所产生的升力和克服阻力产生的阻力力矩的大小,不仅取决于旋翼的转速,还取决于旋翼桨叶的桨距。根据空气动力学原理,通过调节多旋翼转速(变速)和桨距(变距),都可以调节升力的大小。如果多旋翼无人机以电动机作为动力来源,采用电调方式改变旋翼转速以调节升力的大小就非常简单方便;如果多旋翼无人机以燃油发动机作为动力来源,由于燃油发动机的最佳功率对应的转速是固定不变的,因此不能采取变速的方法,只能采取改变旋翼桨叶桨距的方法来调节升力的大小。

根据多旋翼无人机动力装置的类型,可将多旋翼无人机划分为油动多旋翼无人机和电动多旋翼无人机两大类。

1. 油动多旋翼无人机

油动多旋翼无人机以燃油发动机作为动力来源,燃油发动机主要包括活塞发动机、定轴涡轮发动机、自由涡轮发动机等机型。油动多旋翼无人机属于旋翼桨距可控类,即旋翼变距类。尽管它与单旋翼直升机一样具有旋翼桨距操纵系统,但两者最大的区别是油动旋翼无人机只操纵旋翼总矩,取消了旋翼周期变矩控制和尾桨,从而大大简化了总体结构。油动多旋翼无人机大多是大、中、小型的无人旋翼飞行器,属于工业级或商业级类。

2. 电动多旋翼无人机

以电动机作为动力来源,采用直流电机作为驱动旋翼转动的发动机,发动机类型大多为无刷直流电机,也可使用有刷直流电机,电机运转所需的能量由聚合物锂电池或新能源方式(如燃料电池)提供。电动旋翼无人机属于旋翼桨距不可控类,即旋翼变速类。电动旋翼无人机空气螺旋桨的桨距是固定的,其向上的升力大小取决于空气螺旋桨的转速:转速越大,升力越大;转速越小,升力越小。电动多旋翼无人机大多是微微型、微型和轻型的无人旋翼飞行器,属于消费级类(航模),特别适合个人动手组装[1]。

1.4.2　多旋翼无人机的其他分类方法

多旋翼无人机的其他分类方法包括按照旋翼数量、用途、质量、控制方式和市场定位等。下面按常用的几种分类方法对多旋翼无人机进行分类[1]。

1. 按外形结构划分

根据多旋翼无人机的旋翼数量可将其划分为四旋翼、六旋翼、八旋翼等类型;根据旋翼分布位置可将其划分为Ⅰ形、X形、V形、Y形和ⅠY形等类型;根据共轴引擎数量可将其划分为3轴、4轴、6轴、8轴、12轴、16轴双桨多旋翼等类型。

2.按用途划分

根据多旋翼无人机的用途可将其划分为民用和军用两类。

(1)民用多旋翼无人机

多旋翼无人机在民用方面的应用极为广泛,可以细分为多种类型。

(2)军用多旋翼无人机

多旋翼无人机在军事方面的应用场景主要包括边防巡逻、空中侦察、监视、排爆扫雷、对地攻击、空中格斗、拦截导弹、实施精确打击、自杀性攻击以及伤员救助等。

3.按质量划分

根据多旋翼无人机的质量可将其划分为以下5类。

(1)微微型多旋翼无人机(Ⅰ类)

空机质量和起飞质量小于1.5 kg。

(2)微型多旋翼无人机(Ⅱ类)

空机质量介于1.5~4 kg之间,起飞质量介于1.5~7 kg之间。

(3)轻型多旋翼无人机(Ⅲ类)

空机质量介于4~15 kg之间,起飞质量介于7~25 kg之间。

(4)小型多旋翼无人机(Ⅳ类)

空机质量介于15~116 kg之间,起飞质量介于25~150 kg之间。

(5)大中型多旋翼无人机

空机质量大于116 kg,起飞质量大于150 kg。

4.按控制方式划分

根据多旋翼无人机的飞行控制方式可将其划分为半自主控制和全自主控制两类。

(1)半自主控制方式

半自主控制方式是指自动驾驶仪的控制算法能够使多旋翼无人机的姿态保持稳定(或定点),但还是需要通过人员遥控操纵。在半自主控制方式下多旋翼无人机的飞行需遥控操纵,但无需地面站,大多属于航模范畴或玩具类。

(2)全自主控制方式

全自主控制方式是指自动驾驶仪的控制算法能够完成多旋翼无人机航路点到航路点的位置控制以及自动起降等。在这种控制方式下,多旋翼无人机可以在无人驾驶的条件下完成复杂的空中飞行任务并搭载各类任务载荷,可以看作是"空中机器人"。全自主控制方式多旋翼无人机可完全自主驾驶,其特点是载重大、航程远、升限高、操控复杂以及需地面站支持,被广泛应用于国民经济建设和国防军事领域,属于传统概念中真正的无人机范畴。

5.按市场定位划分

根据多旋翼无人机的应用市场定位级别,可以将其划分为以下三种。

(1)工业级

大中型多旋翼无人机大多为油动变距型,旋翼直径较大,具有大续航时间和大载重等特点,主要用于农业、林业、物流、电力、安防、警用、消防、测绘、巡逻、搜救、监测、排爆扫雷以及对地攻击等民用和军用领域。

（2）商用级

对于大中小型多旋翼无人机，大中型大多为油动变距型，小型大多为电动变速型，商用级多旋翼无人机的航时、载重和售价介于工业级和消费级之间。

（3）消费级

微微型、微型和轻型多旋翼无人机大多为电动变速型，空气螺旋桨直径小，结构简单、造价低、航时短、载重小，属于航模和玩具性质，比较适合个人用户使用[1]。

6.按有无载客能力划分

根据有无载客能力，可将多旋翼无人机划分为可载人和不可载人两类，其中可载人的类型称为载人多旋翼飞行器，或称为多旋翼客机，主要用作便捷的空中交通运输工具，特别适合山区、草原、农牧场以及海岛等交通不便的地区，还可用于解决大城市地面道路拥堵的问题。

1.5　多旋翼无人机的发展历程和市场前景

1.5.1　多旋翼无人机的发展历程

1.萌芽期

最早的多旋翼无人机记录是 1907 年 Breguet 兄弟在 C. Richet 教授的指导下，进行的旋翼式直升机飞行试验，但该飞行器因其结构设计不合理只飞行了 1.5 m。1920 年 E. Oemichen 初次设计的多旋翼无人机试飞失败，经重新设计后于 1923 年实现了旋翼机的起飞，且飞行时间达到了 14 min。

1921 年 G. De Bothezat 为美国空军建造了一架大型四旋翼直升机"飞行章鱼"，这架四旋翼直升机可承载 4 个人，但由于发动机性能不足最终只飞到 5 m，最终该项目被放弃[1]。

20 世纪 50 年代，美国陆军联合 Curtiss - Wright 等公司开始研究各种垂直起降方案，并设计了采用杠杆燃气涡轮机作为动力的"飞行吉普"，由于始终未能达到军方要求，该项目也被放弃，但 Curtiss - Wright 公司的 VZ - 7 在 1959—1960 年期间实现了较为稳定的飞行。

此后多旋翼飞行器陷入了长达三十多年的停滞，最终多旋翼飞行器与军事试验渐行渐远。

2.复苏期（1990—2005 年）

20 世纪 90 年代初，微机电系统（Micro - Electro - Mechanical System，MEMS）技术的发展使得多旋翼飞行器能够通过自动控制技术实现稳定飞行，四旋翼飞行器以玩具的形式再次进入了公众视野。

90 年代初，Keyence Gyro Saucer Ⅱ E - 570［见图 1 - 1(a)］登陆日本。

美国工程师 M. Dammar 也于 90 年代开发了电动四旋翼 Roswell Flyer［见图 1 - 1(b)］，随后将其卖给加拿大公司 Draganflyer。

2002 年，在德国 Jugend forscht（年轻研究者）比赛中，设计并发明了 Silverlit X - UFO 四旋翼飞行器［见图 1 - 1(c)］。

尽管 MEMS 惯导系统的广泛应用推动了旋翼无人机产业的复苏，但由于 MEMS 传感器噪声很大甚至影响了飞行性能，于是不得不研究降噪和姿态控制算法。与此同时，降噪、姿态控制算法及自动控制器搭载的单片机运行速度无法满足要求,于是科研人员又花费若干年,深入研究多旋翼飞行器的非线性系统结构,并进行系统建模、设计控制算法、实现控制方案。直到 2005 年,真正稳定的多旋翼飞行控制器才被制造出来[4]。

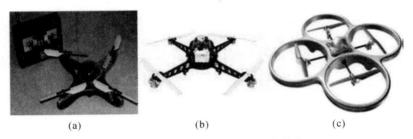

(a)　　　　　　　　(b)　　　　　　　(c)

图 1-1　四旋翼飞行器示意图(复苏期)

(a)Keyence Gyro Saucer Ⅱ E-570;　(b)Roswell Flyer;　(c)Silverlit X-UFO

3. 起步期(2005—2010 年)

德国 Microdrones GmbH 公司 2006 年推出了 Md4-200 四旋翼[见图 1-2(a)]系统开创了电动四旋翼在专业领域应用的先河,2010 年推出的 Md4-1000 四旋翼无人机系统在全球专业无人机市场大获成功。2004 年美国 Spectrolutions 公司推出了 Dragonflyer 系列多旋翼无人机[见图 1-2(b)],并于 2006 年推出了搭载航拍影像稳定器的版本。德国人 H. Buss 和 I. Busker 在 2006 年主导推出了多旋翼开源飞控 Mikrokopter。从飞控到电调等全部开源,2007 年,配备 Mikrokopter 的四旋翼实现了稳定悬停,很快具备了半自主飞行能力。

(a)　　　　　　　　　　　　　　　　　　(b)

图 1-2　四旋翼飞行器示意图(发展期)

(a)Md4-200;　(b)Draganflyer X6

自 2005 年起,具备小巧、稳定、可垂直起降、机械结构简单等众多优点的小型旋翼飞行器的出现,让越来越多的学术研究人员开始加入到旋翼飞行器的研究队伍中,自此旋翼无人机得到了快速发展。在旋翼无人机的起步阶段,研究人员往往很难同时具备旋翼无人机的控制算法、设计工艺及组装调试能力,当时既掌握飞控技术又精通多旋翼工艺的经常是那些原来从事固定翼或直升机飞控的公司。

德国 Microdrones 推出的工业级四旋翼无人机由于价格昂贵使得受众较少,而消费级的 Draganflyer 四旋翼则因为操控性及娱乐性不强、二次开发能力弱以及销售渠道窄亦无法快速拓宽客户群体。

4.复兴期(2010—2013 年)

2004 年,法国 Parrot 公司开始研发消费级多旋翼无人机,并于 2010 年推出了消费级四旋翼无人机 AR. Drone,自此开启了消费级多旋翼无人机时代。AR. Drone 采用了很多先进的技术,包括光流定位技术、数字图传技术、一键起降、一体化设计及开放的 API 接口。Parrot 随后推出了 MiniDrone、Bebop、Disco 等多个产品系列。

2012 年大疆推出了图 1 - 3(b)所示的到手即飞的多旋翼航拍无人机小精灵 Phantom,这款飞行器出厂前已完成了组装和调试,用户只需简单安装即可使用,随即大疆名声大噪。国内较为活跃的几大消费级无人机厂商有零度、极飞、亿航等,多旋翼无人机的研发制造中心也随即转移到了国内。

随着多轴惯性传感器、GPS 芯片、通信芯片的大规模普及,多旋翼飞行器的控制性能、图传性能、续航性能等得到了大幅提升,而成本和功耗进一步降低,这些都促进了多旋翼无人机的进一步发展。

(a)   (b)

图 1 - 3　四旋翼飞行器示意图(复兴期)

(a)AR. Drone；　(b)Phantom

与此同时,学术界也开始高度关注多旋翼技术。2012 年 2 月,宾夕法尼亚大学的 V. Kumar 教授在 TED 大会上做了四旋翼飞行器发展历史上里程碑式的演讲,展示了四旋翼的灵活性以及编队协作能力,这场演讲开启了旋翼无人机发展的另一个时代。

2012 年,美国工程师协会的机器人和自动化杂志(Robotics & Automation Magazine,IEEE)出版了空中机器人和四旋翼(Aerial Robotics and the Quadrotor)专刊,总结了阶段性成果,展示了当时最先进的技术。在这期间,之前不具备多旋翼控制功能的开源自驾仪增加了多旋翼这一功能,同时也有新的开源自驾仪不断加入,这极大地降低了初学者的门槛,为多旋翼产业的发展装上了翅膀[5]。

5.爆发期(2013 年至今)

2013 年是消费级无人机集中爆发的一年,消费级一体式航拍无人机开始向大众普及。2014 年 11 月,大疆发布重量级产品 Inspire 1,首次将远距离 OFDM 高清数字图传、一体式 4K 云台相机、独立云台控制应用在一体式消费级无人机上,这款产品在影视航拍市场上获得了巨大的成功。

随后大疆将 Inspire 1 身上的技术应用在了 Phantom 系列上,奠定了其消费级无人机霸主的地位。与此同时,国内友商们的市场份额不断缩减,2015 年极飞正式转向农业植保,3D Robotics 推出的 Solo 无人机市场表现平平。Lily 无人机引入的掌上抛飞、智能跟随、手势控制等新概念,最终被大疆和零度继承,并分别推出了 Spark 和 Dobby。

2015 年随着机器视觉的发展,零度推出了基于联芯 1860C 的视觉避障平台,大疆推出了 Guidance 视觉避障系统。2016 年,大疆首次将机器视觉应用在消费级无人机 Phantom 4 上,实现了无人机的自主避障和视觉跟拍,随后推出的 Phantom 4 Pro 和 Inspire 2 更是引入了视觉里程计技术,实现自主规划返航路径。

这一年,无人机集群控制技术得到了很大的发展,零度、亿航和 Intel 都推出了无人机集群控制方案,用于无人机编队飞行表演。

2017 年,消费级无人机市场基本处于饱和状态,随着监管趋严,各无人机厂商也开始在行业应用上寻求发展。零度凭借其深厚的军工实力开发了 VTOL 复合固定翼无人机和高倍率视觉跟踪光电吊舱,开始在行业市场上发力,在消费级领域只保留了技术授权;极飞成为了农业植保市场的强者;大疆推出了 M200 系列,主攻电力巡检、安防巡逻和救援等领域,同时推出了如风系列大载重无人机,用于物流和特勤应用。至此多旋翼无人机已经形成了消费级和行业级两大市场。

2018 年,DJI Mavic Air 和 Skydio R1 问世,标志着机器视觉在无人机上的应用达到了一个新的高度,视觉处理单元开始主动参与飞控姿态计算。Skydio R1 具备环境感知、自主规划飞行拍摄、全自动跟拍等能力,可以称为无人机机器视觉集大成者,为未来智能无人机的发展指明了一条道路。2018 年,在 CES2018 展会上,Autel 推出了 EVO 原型机,首次将一英寸 CMOS 应用在微型折叠多旋翼无人机上。表 1－1 列出了无人机发展史爆发阶段的相关情况。

未来,多旋翼无人机将更加智能化、专业化、规范化。

表 1－1　无人机发展史爆发阶段

飞机型号	公司	发布时间	国　家	特　点
Allerion 25－T	UAV Solutions	2013 年 8 月	美国	航时 12 h(未证实)
Spiri	Patrick Edwards－Daugherty	2013 年 8 月	加拿大	基于 Ubuntu 的可编程无人机
Slingray500	Curtis Young Blood	2013 年 12 月	美国	全球首款量产的四轴可变桨距飞行器
AR. Drone 2.0	Parrot	2013 年 12 月	法国	智能终端控制、无 GPS 保持悬停
AirDog	Helico Aerospace Industies	2014 年 6 月	拉脱维亚	可折叠、无需智能手机进行控制,可跟随使用者全天候待命拍摄
Rolling Spider	Parrot	2014 年 7 月	法国	体积小而轻,配了一个"车轮",可以实现在地上跑、爬墙等工作
IRIS＋	3D Robotics	2014 年 9 月	美国	一键 3D 扫描建模,自动跟踪、自动轨迹飞行拍摄
nixie	Fly nexie	2014 年 11 月	美国	世界上第一款可穿戴无人机(概念阶段)
GHOST 1.0	EHANG	2014 年 11 月	中国	手机控制,自动跟随
Mind4	AirMind	2014 年 11 月	中国	世界上首款基于安卓系统的无人机
inspire 1	DJI	2014 年 11 月	中国	变形收起起落架

续表

飞机型号	公司	发布时间	国家	特点
Bebop	Parrot	2014 年 12 月	法国	Bebop 是基于 AR. Drone 全面升级的版本
Vertex VTOL	ComQuestVentures	2015 年 1 月	波多黎各	将多旋翼与固定翼飞行器的各种优势进行有机组合
Skydio	Skydio	2015 年 1 月	美国	利用普通摄像头,实现自主导航和冲突避免能力(尚在原型阶段)
Steadidrone Flare	Steadidrone	2015 年 1 月	捷克	高强度的碳纤维机身、防水功能,本身还支持折叠
Airtborg H61500	Top Flight Technologies	2015 年 3 月	美国	混合动力
Splash Drone	Urban Drones	2015 年 3 月	美国	防水设计,可以停留在水面上
SOLO	3D Robotics	2015 年 4 月	美国	集最先进的技术于一身,提高航拍体验
Phantom 3	DJI	2015 年 4 月	中国	集成了高清图传、视觉定位以及 4K 摄像机等先进技术
XPIanet	XAIRCRAFT	2015 年 4 月	中国	智能规划航线、智能喷洒系统以及智能电池管理等
Phenox2	Ryo Konomura、Kensho Miyoshi	2015 年 4 月	日本	可编程式无人机,体积小、质量虽小,可在手掌上起飞降落
CyPhy LVL1	CyPhy Works	2015 年 4 月	美国	水平飞行拍摄时机身不会倾斜
Lily	Lily	2015 年 5 月	美国	可手抛起飞、自动跟随以及防水

1.5.2 多旋翼无人机的市场前景

从多旋翼无人机的应用领域上看,其市场已经由原来的以微轻型无人机发烧友和爱好者为主的娱乐功能向航拍、搜救、物流、消防、监测和运输等领域发展,市场空间大大扩展[1]。

1. 娱乐功能

娱乐功能主要看重微轻型多旋翼无人机的飞行稳定性,技术成熟,价格低等优势。搭载摄像功能的多旋翼无人机可以说是"会飞的照相机"。它前所未有地将人们的视野拓展至高空,可以随时、随地拍摄无比震撼的鸟瞰照片及炫酷视频。

2. 航拍功能

航拍功能要求多旋翼无人机具备较好的稳定性、续航能力和装载能力,目前已经得到广泛应用,并由此产生了专门的航拍产业。例如,好莱坞原来使用直升机拍摄电影,租金高达每小时 2 万美元,而使用多旋翼无人机以后,成本大大降低。

3. 搜寻功能

搜寻功能要求多旋翼无人机能够识别目标并进行反馈,灾难预防功能则要求多旋翼无人机能够处理地面数据,对技术上的要求比较高。

4. 物流功能

物流功能要求多旋翼无人机能安全、稳定地飞行,准确识别目标,并能应对途中各种突发情况,技术要求最高,但物流效率会得到极大的提升,其市场空间很大。

5. 消防功能

消防功能包括火情探查、现场监视、消防灭火、消防抢险和灾害救援等,其中高层建筑的消防救火是世界难题,通过使用多旋翼无人机可有效解决这个问题。多旋翼无人机可以携带高压水枪、脉冲水雾炮,投掷消防器材、救援器材等。

6. 警用功能

多旋翼无人机可携带摄像、红外及图像传输装置,于空中实施近距离实时监控,同时可以携带抓捕网枪、催泪瓦斯等,从空中远距离抓捕罪犯,以及开展反恐防爆、失踪人员搜寻、落水人员救生、突发事件监视和现场处理等工作。

7. 植保功能

植保功能是指将多旋翼无人机应用于农业植保,为大面积农作物喷洒农药,以及进行农作物生长情况监测、牧群监测与驱赶等。

8. 巡检及其他功能

巡检及其他功能是将多旋翼无人机应用于电力部门的输电线路建设、巡查和维护,石油输油管道巡视监测和安全保护等。

9. 交通运输功能

随着载人型多旋翼无人机的快速发展,载人型多旋翼无人机将作为人们出行用的一种新型交通运输工具。可以预见在不久的将来,载人型多旋翼无人机将会像汽车一样普及[1]。

第2章　多旋翼无人机系统组成

多旋翼无人机系统由机架、动力系统和控制系统三大部分组成。

2.1　机　　架

多旋翼无人机是一种垂直起降无人机,通常多旋翼无人机主体结构包括机身和起落架。机身承载了多旋翼无人机所有设备的质量,在保证结构强度的前提下,机身质量越轻,其载重能力越好。机架的常用材料有碳纤维、塑料、玻璃钢和轻质木材。常见的多旋翼无人机机架布局形式如图2-1所示,常见的布局有三旋翼、四旋翼、六旋翼和八旋翼等。描述多旋翼无人机尺寸的重要参数之一是轴距,轴距通常定义为电机轴外接圆的直径。轴距限定了螺旋桨的尺寸上限,间接决定了无人机的拉力上限。

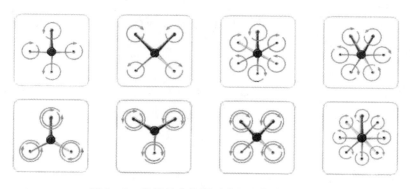

图2-1　常见的多旋翼无人机机架布局形式

图2-2所示是多旋翼无人机机架的主体结构,机架用于安装飞行器各系统以及承载载荷。在实际应用中,四旋翼飞行器的机架一般是"X"形或"十"形或"H"形的对称结构,大多采用"X"形机架以便对飞行器进行控制。

图2-2　多旋翼无人机机架的主体结构

多旋翼无人机起落架的主要作用是在起降时保持机身水平方向的平衡,减小无人机螺旋桨与地面的地效,消耗和吸收着陆时的冲击能量。机架的主要作用如下:

1)用于安装各类设备,包括无刷电机的安装、电调安装以及飞行控制电路板的安装和飞行器其他载荷的安装等,是一个稳定的平台。

2)含起落架等缓冲设备,为飞行器提供安全起飞和降落条件。

3)提供相应的保护装置,包括对飞行器内部设备的保护以及发生意外情况时对接触者的保护。

4)保证质量足够小,使飞行器在自身设备已定的情况下有更多的余量搭载任务载荷。

2.2　动 力 系 统

2.2.1　无刷电机

电机为四旋翼飞行器提供动力,通常分为有刷电机和无刷电机。四旋翼无人机常采用无刷直流电机和螺旋桨作为动力方案,图 2-3 所示为几种常见的无刷电机。无刷直流电机具有速度转矩输出平滑、调速范围大和调速性能好等优点,能够实现良好的闭环控制。在电机的选择中,常会用到 KV 值,KV 值是无刷电机的转速参数,表示电机的驱动信号每升高 1 V,电动机增加的转速值。一般而言,电机的 KV 值越小,转动力量就越大,电机的 KV 值越大,转动力量就越小,因此,大螺旋桨就需要用低 KV 值电机,小螺旋桨就需要高 KV 值电机。无刷直流电机的 KV 值表示在空载状态下单位电压变化对应的电机转速的变化量,例如,KV 值为 920 的无刷直流电机在 10 V 电压下的空载转速为 9 200 r/min。在相同的电压下 KV 值越大的无刷直流电机输出的转速越大,所需的电流也就越大,这就要求锂电池必须具有较大的输出电流,因此需要选用大容量、大电流的锂电池供电,但同时会带来一些问题。比如:电池的质量会随之增加,发热量也会随之增大,对驱动电路的设计要求也会提高。因此在满足飞行设计要求的前提下,应尽量选用 KV 值小的无刷直流电机[6]。

图 2-3　几种常见的无刷电机

电机效率是评估电机性能的重要参数,其大小会随着输入电压和负载的变化而变化,定义为

$$电机效率 = \frac{机械功率(W)}{电功率(W)} \tag{2-1}$$

2.2.2 螺旋桨

螺旋桨是多旋翼无人机产生升力和力矩的重要工具。合理的电机与螺旋桨配置方案能够有效地提高无人机的性能和效率。螺旋桨参数:1060桨,10代表桨的直径是10寸(1寸≈3.33 cm),60表示桨角(螺距),即前两位数表示直径,后两位表示螺距。螺旋桨的桨叶数会决定其所具备的拉力值,螺旋桨叶数增加,拉力增加,但整体效率降低。在同等拉力下,桨叶数少的螺旋桨,其尺寸相对较小。常见的螺旋桨材质有塑料、木头和碳纤维材料。刚性强、质量轻的螺旋桨具有震动小、噪声小的优势,更适合与高KV值电机搭配使用。

评估螺旋桨能量转化效率的参数称为力效,其计算公式为

$$力效(g/W) = \frac{拉力(g)}{机械功率(W)} \qquad (2-2)$$

总力效是评估多旋翼无人机动力系统中电机与螺旋桨匹配程度的重要参数,一般电机厂商给出的就是总力效,其定义为

$$总力效(g/W) = \frac{螺旋桨拉力(g)}{输入电功率(W)} \qquad (2-3)$$

2.3 电子调速器

图2-4所示是航空模型用电子调速器(Electronic Speed Control,ESC),简称"电调",航模电子调速器一般都是无刷电子调速器,电调是多旋翼无人机控制电机转速的重要部件,其主要的功能是根据飞控板传输的脉冲宽度调制(Pulse Width Modulation,PWM)波信号来控制电机转速。由于机载计算机发出的PWM波信号功率非常弱,无法直接驱动无刷直流电机,因此,需要采用电调对PWM波信号进行处理和放大,以实现对电机的驱动。此外,无刷电调还可以作为换相器,把多旋翼上的直流电源转化为可以供给无刷直流电机使用的三相交流电源。部分电调还具备电池保护、启动保护、制动器或稳压电源的功能。

最大持续电流和峰值电流是选配电调时的重要参数。最大持续电流是指在正常工作模式下的持续输出电流,峰值电流是指电调能承受的最大瞬时电流。电调上一般标注的是最大持续电流。在选择电调时,一般需要在最大持续电流的基础上留出20%左右的安全裕度,以避免功率管被烧坏。

图2-4 航空模型用电子调速器(右为四合一电调)

电调的工作电压应该处于其所允许输入的电压范围内,一般的标注方式为"3-4LiPo",它表示电调适用于3S、4S(3节、4节)的锂电池,其电压范围为11.1~14.8 V。

刷新频率是衡量电调响应速度的指标。由于多旋翼无人机是通过快速改变螺旋桨的转速实现对拉力的改变的,所以相较于车模的电调,多旋翼无人机的电调需要较高的刷新频率。

电机与电调需要具备较高的兼容性,以避免出现电机堵转等危险情况。

2.4　电源系统

常规的多旋翼无人机一般采用电机驱动,其续航时间取决于电池的容量,锂电池和镍氢电池以较高的性价比备受青睐。

电池的基本参数包括电压、容量、内阻和放电倍率等。四旋翼无人机为了获得足够的电压和容量,往往采用将多节电芯串联或并联的方式,单节电池的电压通常为 3.7 V。由于电池的输出电压和剩余容量在一定范围内会呈线性关系,但在放电后期电压会迅速下降。所以,通常在使用时,会预先设定电池电压的安全阈值。

电池电芯的连接方式包括串联式和并联式。串联式电芯可以在不改变电容量的情况下获得较大的电压,并联式电芯则可以在电压不变的情况下获得较大的电池容量。S 表示串联电芯的数量,P 表示并联电芯的数量。

电池容量通常用 mA·h 表示。以 3 000 mA·h 为例,其表示的是电池以 3 000 mA 的电流可以放电 1 h。检测剩余电量是确保无人机飞行安全的重要方式,通常以检测电芯电压作为常用手段。

放电电流的大小常用放大倍率来表示,即

$$放电倍率 = \frac{放电电流(A)}{容量(A \cdot h)} \tag{2-4}$$

能量密度是指在一定的空间和质量物质中存储的能量大小,如果按照质量来判断,也可称为比能。能量密度的单位为 (W·h)/kg,比能的单位为 (W·h)/L。由于多旋翼无人机的飞行能耗巨大,所以高能量密度的电池逐渐成为限制多旋翼无人机续航时间的关键因素。目前,锂离子聚合物电池凭借其稳定的技术性能和较高的能量密度,成为多旋翼无人机主要的电力供应设备。

2.5　遥控器及遥控接收机

遥控器是操作人员向无人机接收机发送操作指令的设备,接收机在收到飞行指令后先进行解码,再传输到飞控系统,以实现对无人机的姿态控制。其关键参数如下。

1. 频率

遥控器和接收机之间通过无线电进行通信连接,通常使用 2.4 GHz 和 72 MHz 作为通信频率,以减少同频干扰事故的发生。其中 2.4 GHz 属于短频微波技术,具有频率高、同频率概率小、功耗低、体积小、反应速度快和控制精度高等优点。

2. 调制方式

调制方式主要包括脉冲编码调制和脉冲位置调制两种。遥控器的摇杆通过电位器的阻值变化识别具体位置,并转换为脉冲编码语言,经过高频调制电路调制转换后发送给接收机。

3.通道

遥控器的一个通道对应一个功能,遥控器一般具备四通道、六通道、八通道和十六通道等类型。通道越多,遥控器可控制的功能也就越多。

遥控器要想实现与无人机通信的功能,需要如图 2-5 所示的遥控设备(发射器与接收机)配合,遥控器上的控制杆将无线电波发送给接收机,而接收机通过接收无线电波,读取遥控器上控制杆的读数,并转为数字信号发送到无人机的控制器中实现相应的姿态控制。

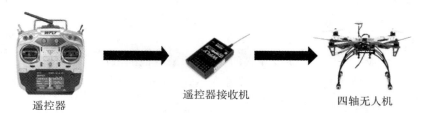

遥控器　　　　　　　遥控器接收机　　　　　　四轴无人机

图 2-5　遥控设备组成

目前,用于无人机遥控器主流的无线电频率是 2.4 GHz,该频率的无线电波的波长更长,可以通信的距离较远,普通 2.4 GHz 遥控器与接收机的通信距离在空旷的地方大概为 1 km。所谓的 2.4 GHz 是指工作频段在 2 400～2 483 MHz范围,这个频段是全世界免申请使用的。常见的 WiFi 蓝牙、ZigBee 都是使用的 2.4 GHz 频率段。WiFi、蓝牙、Zigbee 都是基于 2.4 GHz 的,只不过它们采用的协议不同,导致其传输速率不同,所以应用的方向不同。同样是采用 2.4 G 频率作为载波,不同的通信协议衍生出的通信方式会存在天壤之别,仅仅在传输数据量上,就有着从 1～100 Mb/s 的差别。无线电波在传输过程中可能受到干扰或是存在数据丢失等问题,当接收机无法接收到发射器的数据时,通常会进入保护状态,也就是仍旧向无人机发送控制信号,此时的信号就是接收机收到发射器发送的最后的有效数据。

关于遥控器与无人机的通信协议也有很多种,常见的数据协议如下:

(1)PWM

需要在接收机上接上全部 PWM 输出通道,每一个通道接一组线,解析程序需要根据每一个通道的 PWM 高电平时长计算通道数值。

(2)脉冲调制(Pulse Position Modulation,PPM)

按固定周期发送所有通道 PWM 脉宽的数据格式,一组接线,一个周期内发送所有通道的PWM 值,解析程序需要自行区分每一个通道的 PWM 时长。

(3)串行总线(Serial Bus,SBUS)

每 11 个 bit(位)表示一个通道数值的协议,采用串口通信模式,但是 SBUS 的接收机通常是反向电平,连接到无人机时需要接电平反向器,大部分支持 SBUS 的飞行控制板已经集成了反向器,直接将接收机连接到飞行控制器即可。

(4)XBUS

常规通信协议,支持 18 个通道,数据包较大,有两种串口通信模式,可以在遥控器的配置选项中设置,接收机无须做特殊配置。

2.6　飞行控制系统

飞行控制器简称"飞控",其作用是控制飞行器在飞行过程中的稳定性并处理飞行参数,同时提供一些扩展接口以满足用户的二次开发。飞控是飞行器的核心部件,其性能决定了飞行器的飞行稳定程度。对于多旋翼无人机来说,飞控的作用:一是接收遥控器指令信号,使电机的转速达到飞行器姿态的控制要求,包括飞行器的俯仰运动、滚转运动、偏航运动以及悬停、降落等;二是采集、读取飞行器的传感器信息,并传给解算模块以控制飞行器的位置、姿态。图2-6所示是几款飞行控制器实物。

图 2-6　飞行控制器实物

多旋翼无人机是一种欠驱动系统,通过调节每个电机的转速来改变旋翼的转速,实现升力的变化,从而控制飞行器的姿态和位置[7]。为了降低控制的复杂度,提高飞机的飞行稳定性,通常采用飞控系统来协调控制多旋翼的姿态、位置和轨迹。目前,常用的飞控系统可以实现手动实时遥控、半自主遥控和全自主控制三种模式。其控制框架通常采用比例、积分、微分(Proportion Integration Differentiation,PID)控制架构。

飞控系统由定位模块、惯性测量模块(Inertial Measurement Unite,IMU)、高度测量模块和控制计算机等组成。

1)定位模块主要用于获取飞机的位置信息;

2)IMU用来感知飞行器在空中的姿态和运动状态,主要由微机电系统、加速器、陀螺仪和电子罗盘等部件组成。其中,MEMS是微米大小的机械系统,是以半导体制造技术为基础发展起来的,传感MEMS技术是指用微电子微机械加工出来的,用敏感元件如电容、压电、压阻、热电偶、谐振和隧道电流等感知转换电信号的系统;加速器可用来感知线性加速度与倾斜角度,多轴加速器可感知重力加速度的幅度与方向;陀螺仪是角运动检测装置,可感知一轴或多轴的旋转角速度,可精准感知自由空间中的复杂动作[8]。现在一般采用磁阻传感器和磁通门加工而成的电子罗盘。

3)高度测量模块由压力传感器组成,会根据气压的变化来感知物体的相对与绝对高度。

4)控制计算机主要对接收的指令进行处理、运行飞控算法并产生控制命令等。

2.7　定位系统

差分GPS定位系统是厘米级高精度定位系统,无人机所搭载的GPS通常利用差分GPS技术来提高定位精度。差分GPS技术有两种,分别是坐标差分技术与伪距差分技术。无人机所搭载的GPS常采用的技术是伪距差分技术,该技术是通过计算已知点的伪距与真实距离之间的差值以修正误差,因此机载 GPS 常需要两个接收器同时接收同一卫星组发出的信号。这种方案的定位精度较高,但对地面设施有一定要求,不利于快速部署。

视觉系统定位是指为搭载了摄像头的无人机提供的一种基于影像的控制系统。该控制系统有两种实现方式:一是仅靠机载摄像机提供的图像数据来分析和控制无人机;二是结合运用惯性测量部件和视觉里程计,这种方式可以有效减少系统的工作量,而且可以为无人机提供更精确的定位[9]。图 2-7 所示为无人机实现定位功能过程中常见的几种传感器。

(a)　　　　　　　　　(b)　　　　　　　　　(c)

图 2-7　无人机实现定位功能过程中常见的几种传感器
(a)超声波传感器;　(b)GPS 模块;　(c)光流传感器

众所周知,当室外有 GPS 信号时,飞人机可以实现在一定范围内的定高悬停,只要有速度和高度闭环控制就够了,但是室内基本上无 GPS 信号,无法实现精确定位。借助超声波传感器,可以在室内实现高度闭环控制,让飞行器处于一个相对不变的离地高度上,但水平方向上的飘移仍无法避免,方向闭环如果没有结合电子罗盘,也会出现缓慢自旋,因此在室内,高度稳定是可以实现的,在室内的定位中,光流传感器可以实现飞行器在室内某个地点上空悬停且不发生水平漂移和自旋。

2.8　数　据　链

无人机数据链是一种测控与信息传输系统,可以实现对无人机的遥控、遥测、跟踪定位及视频信息的传输,是无人机系统的重要组成部分。无人机数据链分为上行链路和下行链路。上行链路主要传输数字式遥控信号、任务载荷的命令信号以及无人机的飞行路线控制信号。下行链路主要传送无人机状态信号和视频信号。

小型无人机系统数据链较多采用的是无线电控制(Radio Control,RC)遥控、数传电台和无线局域网三种通信系统。数传电台一般采用数字信号处理、纠错编码、软件无线电、数字调制解调和表面贴片一体化设计等技术,具有高性能、高可靠的特点,电台提供标准的 RS232 数据接口,传输速率为 9 600~19 200 b/s,当误码低于-110 dBm 时,发射功率可软件调节,任何型号的电台均可设置为主站或远程站使用[10]。调制方式为高斯滤波最小频移键控、连续相位频移键控、正交振幅调制以及四进制相移键控调制等。

RC 遥控作为上行数据链,传输数字式遥控信号;视频传输采用下行数据链传输图像信号;数传电台和无线局域网既作为上行数据链,传输任务载荷的命令信号和无人机的飞行控制信号,又作为下行数据链传输无人机状态信号[10]。

无线局域网(WLAN)是一种采用无线传输介质的计算机局域网,目前无线局域网产品价格大幅度下降,其性价比已高于数传电台。

第3章 四旋翼无人机飞行控制系统

3.1 飞行控制系统基本原理

3.1.1 控制系统

控制系统可以简单地分为开环系统和闭环系统。

1. 开环系统

如图 3-1 所示,开环系统是输入影响输出而不受输出影响的系统,其内部没有形成闭合的反馈环。由于输出不对输入施加影响,所以开环系统不能对输出偏差和扰动作出反应,只对设定值作出规定的响应。例如:针对洗衣机、钟表等系统的控制。

图 3-1 开环系统

2. 闭环系统

如图 3-2 所示,闭环系统是输入影响输出同时又受输出的直接或间接影响的系统。闭环系统中的控制器根据反馈信息作出决策,从而改变系统输出。例如:针对汽车、无人机等系统的控制。

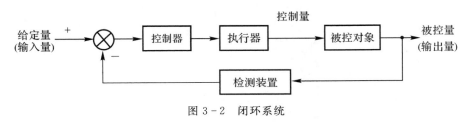

图 3-2 闭环系统

3. 一阶系统阶跃响应

一阶系统传递函数的一般形式为 $G(s) = \dfrac{K}{Ts+1}$,K 为放大系数,T 为时间常数,$C(s)$ 为控制系统的输出量的拉普拉斯变换。当 $K=1$ 时,包含负反馈的典型一阶系统框图如图 3-3

所示。

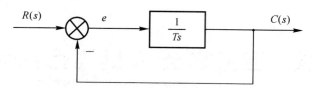

图3-3 包含负反馈的典型一阶系统框图

被控对象传递函数（数学模型）：

$$G(s) = \frac{C(s)}{R(s)} = \frac{1}{Ts+1}$$

单位阶跃信号（见图3-4）的函数形式如下所示：

$$u(t) = \begin{cases} 0 & t<0 \\ 1 & t \geqslant 0 \end{cases}$$

二阶欠阻尼系统的单位阶跃响应曲线如图3-5所示：

评价二阶欠阻尼系统性能的指标包括峰值时间 t_p，超调量 σ，调节时间 t_e，稳态误差 e_{ss}。具体定义如下：

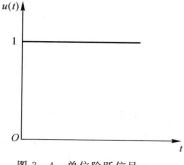

图3-4 单位阶跃信号

1）峰值时间 t_p：响应曲线从零时刻到首次达到稳态值的时间，也可定义为响应曲线从稳态值的 10% 上升到稳态值的 90% 所用的时间；

2）超调量 σ：系统的稳态输出最大值 y_{max} 与稳态值 y_{ss} 的差和稳态值 y_{ss} 的比值，即 $\sigma = \frac{y_{max} - y_{ss}}{y_{ss}}$；

3）调节时间 t_e：系统实际输出值稳定在 y_{ss} 的 $\pm 5\%$ 或 $\pm 2\%$ 范围内时所需的时间；

4）稳态误差 e_{ss}：在稳态条件下，系统输出量的期望值与稳态值 y_{ss} 之间的差值。

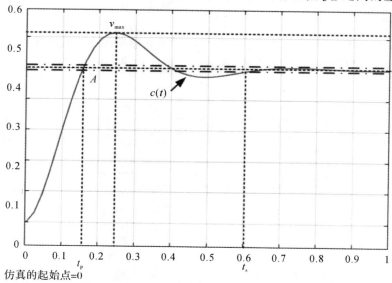

图3-5 二阶欠阻尼系统的单位阶跃响应曲线

3.1.2　坐标系

任意系统的数学模型都必须基于某一特定的坐标系建立,针对多旋翼无人机,通常需要用到的坐标系包括地面惯性坐标系、机体坐标系和速度坐标系等。

1.地面惯性坐标系

地面惯性坐标系(见图 3-6)相对于地球是静止的,忽略地球曲率的影响,即假设地球表面为平面[12]。地面惯性坐标系遵循右手螺旋定则,在地面选取一点 O_e 作为旋翼无人机的起飞点,$O_e x_e$ 指向平面内的某一方向,$O_e z_e$ 垂直于地面指向地心,根据右手螺旋定则确定 $O_e y_e$ 的方向。

2.机体坐标系

机体坐标系(见图 3-7)的原点 O_b 取旋翼无人机的重心,$O_b x_b$ 位于旋翼无人机的对称平面指向机头方向,$O_b y_b$ 位于旋翼无人机的对称平面内垂直 $O_b x_b$ 向下,根据右手螺旋定则确定 $O_b z_b$ 的方向。

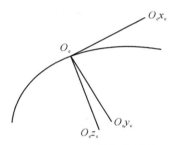

图 3-6　地面惯性坐标系

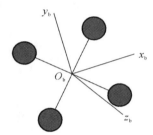

图 3-7　机体坐标系

3.1.3　姿态角表示方式

1.欧拉角

欧拉角是由欧拉引入的描述刚体姿态的三个角,可以用欧拉角描述任意两个笛卡尔直角坐标系之间的相对取向,将笛卡尔坐标系按照某一特定顺序旋转之后可以转向指定坐标系方向,旋转过程中的三个欧拉角被称为俯仰角、偏航角和滚转角。

旋翼无人机的欧拉角是地面惯性坐标系与机体坐标系之间的夹角。

(1)俯仰角 θ

机体轴 $O_b x_b$ 与水平面之间的夹角,以机体抬头方向为正。

(2)偏航角 ψ(方位角)

机体轴 $O_b y_b$ 在水平面上的投影与地轴 $O_e x_e$ 之间的夹角,以机头右偏为正。

(3)滚转角 ϕ(倾斜角)

旋翼无人机对称面 $O_b x_b z_b$ 绕机体轴 $O_b x_b$ 转过的角度,右转为正[13]。

假定机体旋转的角速率表示为 $^b\boldsymbol{\omega} = \begin{bmatrix} \omega_{x_b} & \omega_{y_b} & \omega_{z_b} \end{bmatrix}^T$,角速率与欧拉角变化率 $\begin{bmatrix} \dot{\phi} & \dot{\theta} & \dot{\psi} \end{bmatrix}^T$ 之间的关系为

$$
\begin{bmatrix} \boldsymbol{\omega}_{x_b} \\ \boldsymbol{\omega}_{y_b} \\ \boldsymbol{\omega}_{z_b} \end{bmatrix} = \begin{bmatrix} 1 & 0 & -\sin\theta \\ 0 & \cos\phi & \cos\theta\sin\phi \\ 0 & -\sin\phi & \cos\theta\cos\phi \end{bmatrix} \begin{bmatrix} \dot{\phi} \\ \dot{\theta} \\ \dot{\psi} \end{bmatrix} \tag{3-1}
$$

其中,$\boldsymbol{\Theta} = \begin{bmatrix} \phi & \theta & \psi \end{bmatrix}$,则式(3-1)可以改写为$\dot{\boldsymbol{\Theta}} = \boldsymbol{W}^b\boldsymbol{\omega}$。当$\theta = \phi \approx 0$时,式(3-1)即可进一步简化为$\dot{\boldsymbol{\Theta}} = {}^b\boldsymbol{\omega}$。

2. 旋转矩阵

旋转矩阵乘以一个向量只改变该向量的方向但不改变该向量的大小,它可以将右手坐标系变为左手坐标系,或者进行反向变换。

在旋翼无人机的相关领域,旋转矩阵用于表示一个坐标系在另一个坐标系的姿态。旋翼无人机从机体坐标系$O_b x_b y_b z_b$到地面惯性坐标系$O_e x_e y_e z_e$的转换关系为[14]

$$
\boldsymbol{R}_b^e = \begin{bmatrix} \cos\theta\cos\psi & \sin\theta\sin\phi\cos\psi - \cos\phi\sin\psi & \sin\theta\cos\phi\cos\psi + \sin\phi\sin\psi \\ \cos\theta\sin\psi & \sin\theta\sin\phi\sin\psi + \cos\phi\cos\psi & \sin\theta\cos\phi\sin\psi - \sin\phi\cos\psi \\ -\sin\theta & \cos\theta\sin\phi & \cos\theta\cos\phi \end{bmatrix} \tag{3-2}
$$

假定

$$
\left. \begin{aligned} r_{11} &= \cos\theta\cos\psi \\ r_{21} &= \cos\theta\sin\psi \\ r_{31} &= -\sin\theta \\ r_{32} &= \cos\theta\sin\phi \\ r_{33} &= \cos\theta\cos\phi \end{aligned} \right\} \tag{3-3}
$$

通过反推,可以根据旋转矩阵$\boldsymbol{R}_b^e$得到欧拉角

$$
\left. \begin{aligned} \psi &= \arctan\frac{r_{21}}{r_{11}} \\ \theta &= \arcsin(-r_{31}) \\ \phi &= \arctan\frac{r_{32}}{r_{33}} \end{aligned} \right\} \tag{3-4}
$$

当$\theta = \pm\frac{\pi}{2}$时存在奇异性问题,在奇异情况下人为设定$\phi = 0$。

仅考虑刚体旋转(不考虑平动),对任意向量${}^e\boldsymbol{r} \in \boldsymbol{R}^3$求导,有

$$
\frac{\mathrm{d}^e\boldsymbol{r}}{\mathrm{d}t} = {}^e\boldsymbol{\omega} \times {}^e\boldsymbol{r} \tag{3-5}
$$

式中,$\times$表示向量的叉乘,若${}^e\boldsymbol{r} = \begin{bmatrix} {}^e b_1 & {}^e b_2 & {}^e b_3 \end{bmatrix}$,式(3-5)可以重新写为

$$
\frac{\mathrm{d}\boldsymbol{R}_b^e}{\mathrm{d}t} = \boldsymbol{R}_b^e \begin{bmatrix} {}^b\boldsymbol{\omega} \end{bmatrix}_\times \tag{3-6}
$$

由式(3-6)可知,采用旋转矩阵可以避免奇异性问题。

3. 四元数

四元数与欧拉角、旋转矩阵是等价的,但又不同于欧拉角,四元数表示法没有奇异点问题,因此,在估算飞行器姿态的核心算法中经常用到四元数[14]。

四元数一般用向量形式表示为

$$\boldsymbol{q} = \begin{bmatrix} q_0 \\ \boldsymbol{q}_v \end{bmatrix} \qquad\qquad (3-7)$$

式中，q_0 为标量，$\boldsymbol{q}_v = \begin{bmatrix} q_1 & q_2 & q_3 \end{bmatrix}^{\mathrm{T}}$ 为向量。

4. 姿态角表达方式之间的转换

(1) 四元数与旋转矩阵转换

假定地面惯性坐标系到机体坐标系的旋转四元数为 $\boldsymbol{q}_e^b = \begin{bmatrix} q_0 & q_1 & q_2 & q_3 \end{bmatrix}^{\mathrm{T}}$，其中右侧角标 b 表示从惯性坐标系 e 旋转到机体坐标系 b，则四元数与旋转矩阵之间的转换公式为

$$^e\boldsymbol{r} = \boldsymbol{C}^b\boldsymbol{r} \qquad\qquad (3-8)$$

$$\boldsymbol{C}(q_e^b) = \begin{bmatrix} q_0^2 + q_1^2 - q_2^2 - q_3^2 & 2(q_1q_2 - q_0q_3) & 2(q_1q_3 + q_0q_2) \\ 2(q_1q_2 + q_0q_3) & q_0^2 - q_1^2 + q_2^2 - q_3^2 & 2(q_2q_3 - q_0q_1) \\ 2(q_1q_3 - q_0q_2) & 2(q_2q_3 + q_0q_1) & q_0^2 - q_1^2 - q_2^2 + q_3^2 \end{bmatrix} \qquad (3-9)$$

(2) 四元数与欧拉角转换

$$\left.\begin{aligned} \phi &= \arctan\frac{2(q_0q_1 + q_2q_3)}{1 - 2(q_1^2 + q_2^2)} \\ \theta &= \arctan\left[2(q_0q_2 - q_1q_3)\right] \\ \psi &= \arctan\frac{2(q_0q_3 + q_1q_2)}{1 - 2(q_2^2 + q_3^2)} \end{aligned}\right\} \qquad (3-10)$$

(3) 四元数变化率与机体角速度的关系

$$\dot{\boldsymbol{q}}_e^b(t) = \frac{1}{2}\begin{bmatrix} 0 & -^b\boldsymbol{\omega}^{\mathrm{T}} \\ ^b\boldsymbol{\omega} & -[^b\boldsymbol{\omega}]_\times \end{bmatrix}\boldsymbol{q}_e^b(t) \qquad (3-11)$$

旋转矩阵、欧拉角、四元数三种方法比较见表 3-1。

表 3-1　旋转矩阵、欧拉角、四元数三种方法比较[13]

任务/性质	旋转矩阵	欧拉角	四元数
在坐标系间旋转	能	不能(需转换到矩阵)	不能 (需转换到旋转矩阵)
连接或增量旋转	能,但比较慢	能	能,比旋转矩阵快
插值	基本上不能	能,但可能遭遇 万向锁或其他问题	可平滑插值
易用程度	难	易	难
用于表示的个数	9 个数	3 个数	4 个数
有无奇异问题	无奇异	俯仰角为 90°时有奇异	无奇异
方位表达方式	是唯一的	不唯一,同一方 位有无数种方法	不唯一,有两种 互相关联的方法

3.2　四旋翼飞行器动力学建模

多旋翼无人机的数学模型主要包括刚体运动学模型、刚体动力学模型、控制分配模型以及动力系统模型。建模及相应假设如下：

1）多旋翼无人机是刚体；

2）多旋翼无人机的质量和转动惯量是不变的；

3）多旋翼无人机机体重心和中心一致；

4）多旋翼无人机只受重力和旋翼拉力，其中旋翼拉力沿 z_b 向下，而重力沿 z_b 方向；

5）奇数标号的旋翼桨叶逆时针旋转，偶数标号的旋翼桨叶顺时针旋转。

多旋翼无人机的建模流程如图 3-8 所示，包括：

1）刚体运动学模型。刚体运动学模型跟质量和受力无关，只研究速度、加速度、位移、位置和角速度等参数，常以质点为模型；

2）刚体动力学模型。刚体动力学模型与一般刚体运动学模型最大的不同是，拉力方向始终与机体轴 z_b 的负方向一致；

3）控制分配模型。多旋翼和四旋翼的差别就在于控制分配模型的不同；

4）动力系统模型。通过控制分配模型，对于电动多旋翼无人机可得到每个旋翼期望的转速（电动机）；对于油动多旋翼无人机可得到每个旋翼期望的油门值。

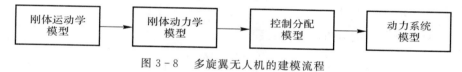

图 3-8　多旋翼无人机的建模流程

1. 多旋翼无人机刚体运动学模型

（1）基于欧拉角

$$\left.\begin{array}{l} {}^e\dot{\boldsymbol{p}} = {}^e\boldsymbol{v} \\ \dot{\boldsymbol{\Theta}} = \boldsymbol{W}^b\boldsymbol{\omega} \end{array}\right\} \tag{3-12}$$

（2）基于旋转矩阵

$$\left.\begin{array}{l} {}^e\dot{\boldsymbol{p}} = {}^e\boldsymbol{v} \\ \dot{\boldsymbol{R}} = \boldsymbol{R}[{}^b\boldsymbol{\omega}]_\times \end{array}\right\} \tag{3-13}$$

（3）基于四元数

$$\left.\begin{array}{l} {}^e\dot{\boldsymbol{p}} = {}^e\boldsymbol{v} \\ \dot{\boldsymbol{q}}_0 = -\dfrac{1}{2}\boldsymbol{q}_v^T \cdot {}^b\boldsymbol{\omega} \\ \dot{\boldsymbol{q}}_v = \dfrac{1}{2}(\boldsymbol{q}_0\boldsymbol{I}_3 + [\boldsymbol{q}_v]_\times){}^b\boldsymbol{\omega} \end{array}\right\} \tag{3-14}$$

2. 惯性坐标系下位置动力学模型

旋翼无人机只受重力 G 和旋翼拉力 f 作用，因此有

$$^e\dot{\boldsymbol{v}} = g\boldsymbol{e}_3 - \dfrac{f}{m}{}^e\boldsymbol{b}_3 \tag{3-15}$$

3. 体坐标系下位置动力学模型

$$^{e}v = R^{b}v \qquad (3-16)$$

对式(3-16)两边同时求导可得

$$^{v}\dot{v} = -[^{b}\boldsymbol{\omega}]_{\times}{}^{b}v + g\,R e_{3} - \frac{f}{m}e_{3} \qquad (3-17)$$

4. 姿态动力学模型

机体坐标系下旋翼无人机的姿态动力学方程如下：

$$J^{b}\dot{\boldsymbol{\omega}} = -^{b}\boldsymbol{\omega} \times (J^{b}\boldsymbol{\omega}) + G_{a} + \boldsymbol{\tau} \qquad (3-18)$$

式中：$\boldsymbol{\tau} = \begin{bmatrix} \tau_{x} & \tau_{y} & \tau_{z} \end{bmatrix}^{T} \in R^{3}$ 表示旋翼在机体坐标轴上产生的力矩；G_{a} 表示旋翼产生的陀螺力矩；$J \in R^{3\times3}$ 表示旋翼无人机的转动惯量。

3.3　四旋翼飞行器飞行控制技术

3.3.1　旋翼无人机的控制分配模型

四旋翼无人机通常有十字形和 X 形两种，图 3-9(a)所示为十字形，图3-9(b)所示为 X 形。根据假设：旋翼无人机只受重力和旋翼拉力作用，其中，重力沿着机体轴 z_{b} 方向，拉力沿着 z_{b} 负方向。

作用在机体上的总拉力为

$$f = \sum_{i=1}^{4} T_{i} = C_{T}(\tilde{\omega}_{1}^{2} + \tilde{\omega}_{2}^{2} + \tilde{\omega}_{3}^{2} + \tilde{\omega}_{4}^{2}) \qquad (3-19)$$

1. 十字形四旋翼无人机产生的力与力矩

$$\begin{bmatrix} f \\ \tau_{x} \\ \tau_{y} \\ \tau_{z} \end{bmatrix} = \begin{bmatrix} C_{T} & C_{T} & C_{T} & C_{T} \\ 0 & -dC_{T} & 0 & dC_{T} \\ dC_{T} & 0 & -dC_{T} & 0 \\ C_{M} & -C_{M} & C_{M} & -C_{M} \end{bmatrix} \begin{bmatrix} \tilde{\omega}_{1}^{2} \\ \tilde{\omega}_{2}^{2} \\ \tilde{\omega}_{3}^{2} \\ \tilde{\omega}_{4}^{2} \end{bmatrix} \qquad (3-20)$$

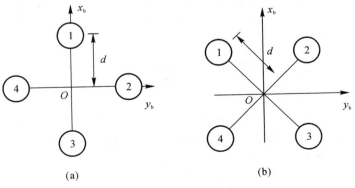

(a)　　　　　　　　　　(b)

图 3-9　四旋翼无人机结构

(a)十字形；(b)X 形

2. X 形四旋翼无人机产生的力的力矩

$$\begin{bmatrix} f \\ \tau_x \\ \tau_y \\ \tau_z \end{bmatrix} = \begin{bmatrix} C_T & C_T & C_T & C_T \\ \dfrac{\sqrt{2}}{2}dC_T & -\dfrac{\sqrt{2}}{2}dC_T & -\dfrac{\sqrt{2}}{2}dC_T & \dfrac{\sqrt{2}}{2}dC_T \\ \dfrac{\sqrt{2}}{2}dC_T & \dfrac{\sqrt{2}}{2}dC_T & -\dfrac{\sqrt{2}}{2}dC_T & -\dfrac{\sqrt{2}}{2}dC_T \\ C_M & -C_M & C_M & -C_M \end{bmatrix} \begin{bmatrix} \widetilde{\omega}_1^2 \\ \widetilde{\omega}_2^2 \\ \widetilde{\omega}_3^2 \\ \widetilde{\omega}_4^2 \end{bmatrix} \tag{3-21}$$

3.3.2 旋翼无人机控制通道划分

旋翼无人机的飞行控制系统是一个多通道控制系统,即多输入多输出的控制系统,控制的目的是使飞行器姿态和位置满足期望要求。根据负反馈原理,控制系统通过传感器实时感知旋翼无人机的位置和姿态参数,根据这些参数和控制任务的要求,按照一定的飞行控制律生成控制指令信号,再经过放大和调整,通过改变相应电机转速或旋翼总距来调节旋翼拉力和力矩实现姿态控制。

如图 3-10 所示,旋翼无人机飞行控制系统由 4 个输入(总拉力 f 和三轴力矩 τ)控制 6 个输出(位置 p 和姿态角 Θ)。设计多旋翼飞行控制器时,可以采用双闭环控制策略,其中内环对多旋翼无人机飞行姿态角进行控制,而外环对多旋翼无人机位置进行控制,由内外环控制实现多旋翼飞行器的升降、悬停和侧飞等飞行模态。

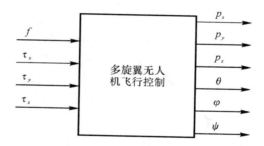

图 3-10　多旋翼无人机控制输入与输出关系

基于多旋翼无人机飞行控制非线性模型,忽略 $-{}^b\boldsymbol{\omega}\times(\boldsymbol{J}\cdot{}^b\boldsymbol{\omega})+G_a$,得到简化后的多旋翼模型

$$\left.\begin{aligned} {}^e\dot{\boldsymbol{p}} &= {}^e\upsilon \\ {}^e\dot{\boldsymbol{v}} &= ge_3 - \frac{f}{m}\boldsymbol{R}_b^e e_3 \\ \dot{\boldsymbol{\Theta}} &= \boldsymbol{W}^b\boldsymbol{\omega} \\ \boldsymbol{J}^b\dot{\boldsymbol{\omega}} &= \tau \end{aligned}\right\} \tag{3-22}$$

式中:${}^e\boldsymbol{p}=\begin{bmatrix} p_{x_e} & p_{y_e} & p_{z_e} \end{bmatrix}^T \in \boldsymbol{R}^3$ 是对地位置;${}^e\boldsymbol{v}$ 是对地速度;${}^b\boldsymbol{\omega}$ 是旋翼无人机机体角速度;$\boldsymbol{R}$ 为旋转矩阵;$\boldsymbol{J}$ 为转动惯量。

由此可导出

$$
\left.\begin{aligned}
\ddot{p}_{x_e} &= -\frac{f}{m}(\sin\psi\sin\phi + \cos\psi\sin\theta\cos\phi) \\
\ddot{p}_{y_e} &= -\frac{f}{m}(-\cos\psi\sin\phi + \cos\phi\sin\theta\sin\psi) \\
\ddot{p}_{z_e} &= g - \frac{f}{m}\cos\theta\cos\phi
\end{aligned}\right\} \tag{3-23}
$$

假设无人机处于悬停状态,即 $p \approx p_d$,$\theta \approx \phi \approx 0$,$\psi \approx \psi_d$,$\dot{p} \approx 0$,$\dot{\theta} \approx \dot{\phi} \approx \dot{\psi} \approx 0$,标称输入给定值为 $f \approx mg$,$\tau \approx 0$,此时有 $\sin\phi \approx \phi$,$\cos\phi \approx 1$,$\sin\theta \approx \theta$,$\cos\theta \approx 1$,通过在平衡点处进行小线性化处理,有

$$
\boldsymbol{Re}_3 \approx \begin{bmatrix} \theta\cos\psi + \phi\sin\psi \\ \theta\sin\psi - \phi\cos\psi \\ 1 \end{bmatrix} \tag{3-24}
$$

由此,可得到旋翼无人机的线性模型。

(1)水平控制通道的线性模型

$$
\left.\begin{aligned}
\dot{p}_h &= v_h \\
\dot{v}_h &= -gA_\psi \boldsymbol{\Theta}_h
\end{aligned}\right\} \tag{3-25}
$$

由于 $\boldsymbol{\Theta}_h$ 是输入数值,而且 $-gA_\psi$ 已知,因此,可以认为输入是 $-gA_\psi\boldsymbol{\Theta}_h$,式中,$p_h = \begin{bmatrix} p_x \\ p_y \end{bmatrix}$,$\boldsymbol{R}_\psi = \begin{bmatrix} \cos\psi & -\sin\psi \\ \sin\psi & \cos\psi \end{bmatrix}$,$A_\psi = R_\psi \text{diag}(1, -1)$,$\boldsymbol{\Theta}_h = \begin{bmatrix} \theta \\ \phi \end{bmatrix}$。

(2)高度控制通道线性模型

$$
\left.\begin{aligned}
\dot{p}_z &= v_z \\
\dot{v}_z &= g - \frac{f}{m}
\end{aligned}\right\} \tag{3-26}
$$

(3)姿态线性模型,采用小角度假设 $W \approx I_3$,有

$$
\left.\begin{aligned}
\dot{\boldsymbol{\Theta}} &= \boldsymbol{\omega} \\
\boldsymbol{J}\dot{\boldsymbol{\omega}} &= \tau
\end{aligned}\right\} \tag{3-27}
$$

3.3.3 旋翼无人机的 PID 控制及卡尔曼滤波

1. PID 控制

PID 控制器把收集到的数据参考值进行比较,然后把两者的差别作为控制器的输入值,目的是让系统的数据达到或者保持在设定的参考值。PID 控制器可以根据历史数据和差别的出现率来调整输入值,使系统更加准确且稳定。

图 3-11 中 PID 控制的全称为比例-积分-微分控制,简单来说,根据给定值和实际输出值构成控制偏差,对偏差分别进行比例、积分和微分后通过线性组合构成控制量,对被控对象进行控制。常规 PID 控制器是一种线性控制器。

PID 控制器的表达式为

$$
u(t) = K_p\left[e(t) + \frac{1}{T_i}\int_0^t e(t)\,\mathrm{d}t + T_d\frac{\mathrm{d}e(t)}{\mathrm{d}t}\right] = K_p e(t) + K_i\int_0^t e(t)\,\mathrm{d}t + K_d\frac{\mathrm{d}e(t)}{\mathrm{d}t} \tag{3-28}
$$

式中:$T_i = \dfrac{1}{K_i}$ 为积分时间常数;$u(t)$ 为控制输出;K_p 为比例增益;K_i 为积分增益;K_d 为微分增

益；$e(t)$ 为误差，误差＝设定值－反馈值；t 为当前时间；τ 为积分变量，数值从 $0 \sim t$。

PID 控制器的传递函数为

$$H(s) = \frac{K_d s^2 + K_p s + K_i}{s + C} \tag{3-29}$$

式中，C 是取决于系统带宽的常数。

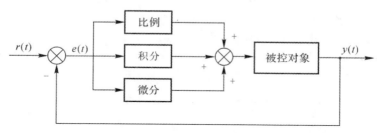

图 3-11　PID 控制系统

（1）比例环节 P

比例环节 P 能成比例地反映控制系统的偏差信号 $e(t)$，一旦产生偏差，控制器立即产生控制作用以减小误差。当偏差 $e=0$ 时，控制作用也为 0。因此，比例控制是基于偏差进行调节的，即有差调节。

（2）积分环节 I

积分环节 I 能对误差进行记忆，主要用于消除静差，提高系统的无差度，积分作用的强弱取决于积分时间常数 T_i，T_i 越大，积分作用越弱，反之则越强。

（3）微分环节 D

微分环节 D 能反映偏差信号的变化趋势（变化速率），并能在偏差信号变得太大之前，在系统中引入一个有效的早期修正信号，从而加快系统的动作速度，缩短调节时间。

从时间的角度讲，比例作用是针对系统当前误差进行控制，积分作用是针对系统误差的历史，而微分作用则反映了系统误差的变化趋势，这三者的组合是"过去、现在、未来"的完美结合。

1）比例控制系统的响应快速性，使系统能快速作用于输出。

2）积分控制系统的准确性，使系统能消除过去的累积误差，使输出紧跟参考输入。

3）微分控制系统的稳定性，使系统具有超前控制作用。

简单地讲，PID 就是在 K_p，K_i，K_d 三个参数之间进行权衡，使系统尽可能地达到某种可接受的近似状态，但并不能确定是否达到最优。PID 三个参数增加的影响见表 3-2。

表 3-2　PID 三个参数增加的影响

	上升时间	超调量	调节时间	稳态误差	系统稳定性
K_p 增加	减小	增加	小幅减小	减小	下降
K_i 增加	小幅减小	增加	增加	大幅减小	下降
K_d 增加	小幅减小	减小	减小	几乎不变	提高

不同比例增益下系统对阶跃信号的响应 $[K_i = 5, K_d = 0.001, G(s) = \frac{1}{s+1}]$，如图 3-

12 所示。

不同积分增益下系统对阶跃信号的响应$[K_p = 0.5, K_d = 0.001, G(s) = \dfrac{1}{s+1}]$，如图 3-13 所示。

不同微分控制器对阶跃信号的响应$[K_p = 0.5, K_d = 5, G(s) = \dfrac{1}{s+1}]$，如图 3-14 所示。

2. 通用 PID 参数调试步骤

1）把 P、I、D 参数归零。

2）逐步增大 P，一直到输出响应发生震荡，再稍微减小 P。

3）稍微加大积分信号，用于修正存在的稳态误差。

4）加入少量的 D 观察效果（一般的飞控系统会尽力避免使用微分环节，微分对测量噪声非常敏感，传感器测量信号本身会有很大的噪声，微分效果的加入很可能会导致系统性能下降）。

5）如果加入 D 后对输出响应有改善效果，可以适当地增加 D，同时调整 P，使上升时间较小且超调较小，或者无超调。

6）反复调整 P、I、D 的值，直到输出效果达到期望的要求（不一定是最优）。

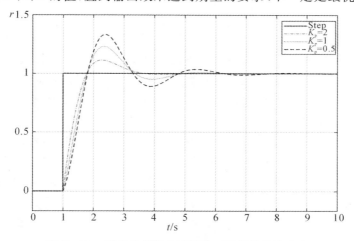

图 3-12　不同比例增益下系统对阶跃信号的响应

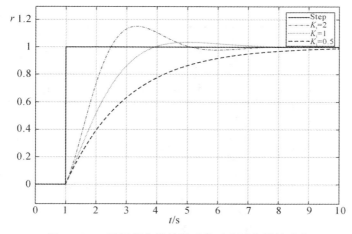

图 3-13　不同积分增益下系统对阶跃信号的响应

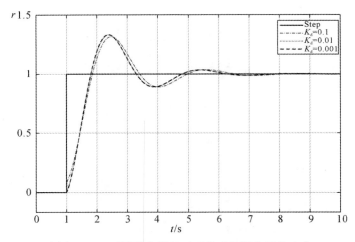

图 3-14 不同微分增益下系统对阶跃信号的响应

3.飞控系统的 PID 控制

以多旋翼为例,在没有控制系统的情况下,直接用信号驱动电机带动螺旋桨旋转产生控制力,会出现动态响应太快或太慢,控制过冲或不足的现象,多旋翼根本无法顺利完成起飞和悬停动作。为了解决这些问题,就需要在控制系统回路中加入 PID 控制器算法。在姿态信息和螺旋桨转速之间建立比例、积分和微分的关系,调节各个环节的参数大小,使多旋翼控制系统达到动态响应迅速、不过冲及不欠缺的状态[15]。

针对飞行系统的 PID 控制,多采用图 3-15 所示的串级 PID 控制器,以取得更好的控制效果。两个 PID 控制器中的其中一个负责外回路,控制无人机的姿态角等主要物理量,另一个负责内回路,以外回路 PID 控制器的输出作为其目标值(即参考输入),控制快速变化的飞行角速率(陀螺仪采集数据)。

以"光标"飞控系统为例,角速度控制环作为内环,角速度由陀螺仪采集数据输出,采集值一般不受外界影响,抗干扰能力强,并且角速度变换灵敏,当受到外界干扰时,能迅速恢复;高度环中的气压传感器也会受到外界干扰,通过引入 z 轴加速度环,可有效避免外界干扰造成的影响[16]。

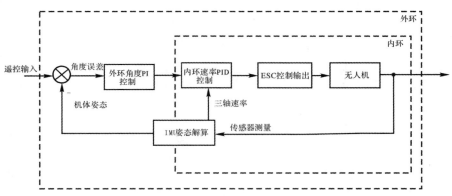

图 3-15 飞控系统级联 PID 控制

外环 PID 采用遥控输入信号作为目标变化角度(即参考输入),用参考输入减去姿态解算模块解算出的当前姿态角,即可得到误差信号,外环误差角作为第二级角速度控制器的输入,从而进行内环 PID 控制。

(1)外环 PID 控制

在双环级联 PID 系统中,图 3-16 所示的外环 PID 通常作为控制的输入稳定环,主要负责对输入环境进行稳定控制,并提供内环的输入信号。

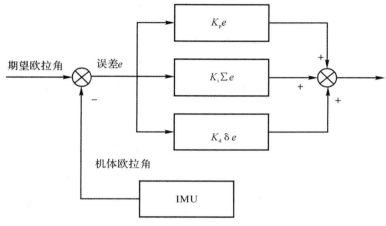

图 3-16　外环 PID 控制系统

(2)内环 PID 控制

在双环级联 PID 系统中,图 3-17 所示的内环作为控制的速率稳定环,主要负责控制角速率的稳定输出。

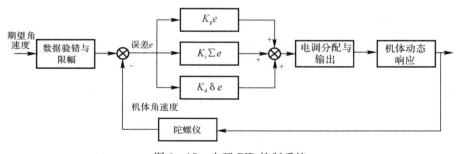

图 3-17　内环 PID 控制系统

4.通用的飞控系统 PID 参数调节方法

1)首先要做好调参前的准备工作,需要在电机打开的情况下(保持机体振动)确保电机与旋翼的动平衡,获得传感器的原始数据输出,并且调整传感器低通数字滤波器的截止频率,降低传感器本身以及机体振动产生的噪声。

2)调整 PID 参数之前,可以先将 I 设为 0,把 P 和 D 降为极低的数值,具体数值取决于飞控本身的量纲特性。

3)针对单独的横滚和俯仰通道分别调整参数,航向通道与俯仰和横滚之间的耦合度不强,可以最后单独调试。比例项的值在保证不抖动的情况下越大越好。将一个通道的 P 值逐渐增大,增大到多少会导致机体抖动,取决于机体的质量以及电机本身的动力。如果机体较小,电机力量较大,则可能 P 值较小时就已经出现抖动;如果机体较重或者电机力量较弱,则需要将 P 值调整至较大时才会出现抖动。

4)增加比例参数项 P 值直到飞行器机体出现高频抖动之后,将 P 值降低 60%～80%,调整到悬停时不出现机体抖动为止。

5)通过遥控器给出一定的操控量,观察飞行器对于给定的操控量是否有一定的过冲反馈,如果有过冲反馈,则可以通过适当增加微分量来减小过冲反馈。

6)最后在飞行器悬停或者以某个角度飞行时,改变油门大小,观察飞行器的飞行情况。如果飞行器产生漂移或者不按照控制的方向飞行,则在漂移的反方向增加积分参数项,以消除累积漂移的情况。一般积分参数项 I 并不会影响比例项 P 和微分参数项 D。

7)对于内外环的双环级联 PID 结构的控制算法,一般先屏蔽外环,把遥控舵量直接加到内环输入上,按照上述方法调整内环后,再调整外环参数。

8)调整完一个通道后再调整另一个通道,最后调整航向通道。

3.3.4　卡尔曼滤波

基于卡尔曼滤波的 PID 控制系统是通过卡尔曼滤波器对系统噪声进行滤波处理,对系统的随机误差进行比普通 PID 控制更进一步的补偿,获得更为精确的系统模型,从而使系统的稳定性和精度以及响应时间都得到有效的提高。

卡尔曼滤波是一种利用线性系统状态方程,通过系统输入输出观测数据,对系统状态进行最优估计的算法。由于观测数据中包括系统中的噪声和干扰的影响,所以最优估计也可以看作是滤波过程。数据滤波是去除噪声还原真实数据的一种数据处理技术。在测量方差已知的情况下,卡尔曼滤波能够从一系列存在测量噪声的数据中,估计动态系统的状态。

对于复杂、不稳定及非线性系统,传统做法是采用单纯的 PID 控制模式,这种控制模式虽然可以在一定程度上满足系统的要求,但存在精度差、响应时间长及稳定性差等不足之处。造成这种情况的原因之一是控制信号中含有噪声干扰,会在很大程度上影响系统的性能。除了上述外界干扰外,系统内部也存在干扰,主要包括建模时因抽象和简化而引入的结构干扰以及实际系统中因参数变化而引入的参数干扰。因此,采用基于卡尔曼滤波器的 PID 控制系统,能够提高系统的稳定性,使之具有较短的响应时间和较高控制精度。

在图 3-18 所示的卡尔曼滤波结构中,卡尔曼滤波算法利用目标的动态信息,设法去掉噪声的影响,得到一个关于目标位置的估计。这个估计可以是对当前目标位置的估计(滤波),还可以是对将来位置的估计(预测),也可以是对过去位置的估计(插值或平滑)。

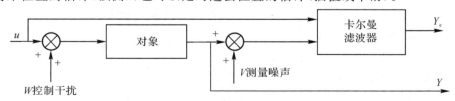

图 3-18　卡尔曼滤波器结构

卡尔曼滤波算法主要包括 5 个基本公式,很容易利用计算机编程实现。

1. 状态预测

利用系统的过程模型,基于系统的上一个状态预测现在的状态

$$\hat{x}_{k/k+1} = \boldsymbol{\Phi}_{k,k+1}\hat{x}_{k-1/k-1} + \boldsymbol{u}_{k-1} \tag{3-30}$$

式中:$\hat{x}_{k/k-1}$ 是利用上一个状态预测的结果;$\hat{x}_{k-1/k-1}$ 是上一状态最优的结果。

2. 误差协方差预测

系统状态已更新,需要对 $\hat{x}_{k/k-1}$ 的协方差进行更新,$\boldsymbol{P}$ 表示协方差,有

$$\boldsymbol{P}_{k/k-1} = \boldsymbol{\Phi}_{k,k-1}\boldsymbol{P}_{k-1/k-1}\boldsymbol{\Phi}_{k,k-1}^{\mathrm{T}} + \boldsymbol{\Gamma}_{k,k-1}\boldsymbol{Q}_{k-1}\boldsymbol{\Gamma}_{k,k-1}^{\mathrm{T}} \tag{3-31}$$

式中:$\boldsymbol{P}_{k/k-1}$ 是 $\hat{x}_{k/k-1}$ 对应的协方差;$\boldsymbol{P}_{k-1/k-1}$ 是 $\hat{x}_{k-1/k-1}$ 对应的协方差;$\boldsymbol{Q}$ 是系统过程的协方差。

3. 卡尔曼滤波增益

根据已有的系统状态预测值 $\hat{x}_{k/k-1}$ 和协方差预测 $\boldsymbol{P}_{k/k-1}$,可以得到当前增益 $\boldsymbol{K}$ 的最优估计值

$$\boldsymbol{K}_k = \boldsymbol{P}_{k/k-1}\boldsymbol{H}_k^{\mathrm{T}}(\boldsymbol{H}_k\boldsymbol{P}_{k/k-1}\boldsymbol{H}_k^{\mathrm{T}} + \boldsymbol{R}_k)^{-1} \tag{3-32}$$

4. 状态估计校正

通过收集当前状态的测量值,结合测量值和预测值

$$\hat{x}_{k/k} = \hat{x}_{k/k-1} + \boldsymbol{K}_k(\boldsymbol{z}_k - \hat{\boldsymbol{z}}_{k/k-1}) \tag{3-33}$$

式中,$\hat{\boldsymbol{z}}_{k/k-1} = \boldsymbol{H}_k\hat{x}_{k/k-1}$。

5. 误差协方差估计校正

为使卡尔曼滤波器不断运行,还需要更新 $\boldsymbol{K}$ 状态下 $\hat{x}_{k/k}$ 的协方差

$$\boldsymbol{P}_{k/k} = (\boldsymbol{I} - \boldsymbol{K}_k\boldsymbol{H}_k)\boldsymbol{P}_{k/k-1} \tag{3-34}$$

3.3.5　基于卡尔曼滤波器的 PID 控制系统结构

与传统 PID 控制系统的结构相比较,图 3-19 所示的基于卡尔曼滤波的 PID 控制系统结构图在被控对象输出值之后附加了一个卡尔曼滤波器,通过该滤波器对系统的测量噪声和控制干扰量进行消减,消减过程主要体现在,经过滤波后的输出值,经过反馈环节又回到了系统中,从而使得系统的性能得到提升[19]。

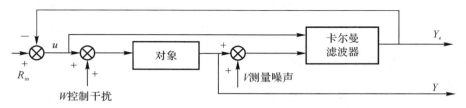

图 3-19　基于卡尔曼滤波的 PID 控制系统结构

3.3.6　多旋翼无人机的自动飞行控制

自动飞行控制系统是多旋翼无人机的核心,多旋翼无人机完成自主飞行,需要控制系统对内回路(姿态回路)和外回路(高度和水平位置回路)都具有良好的控制特性[19]。

1. 多旋翼无人机飞行控制系统总体结构

图 3-20 所示的多旋翼无人机飞行控制系统的总体结构由机上及地面两部分组成,机上和地面系统通过数据通信系统直接耦合。地面驾驶员将操纵信号和飞控指令输入地面飞控系统计算机,经过计算机处理后,通过数据通信系统传输至机上自动驾驶仪系统,经机载计算机处理后对多旋翼无人机的飞行运动进行控制。

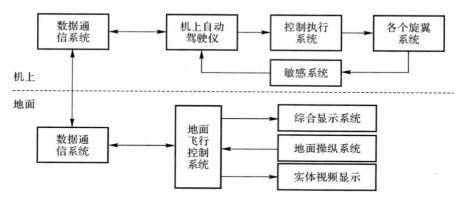

图 3-20　多旋翼无人机飞行控制系统总体结构

多旋翼无人机的飞行控制在内外环分层基础上,可以进一步细分为图 3-21 所示的 4 个层次,分别为位置控制、姿态控制、控制分配和动力控制[1]。

(1)位置控制

期望的三维位置 p_d,以解算期望姿态角 $\boldsymbol{\Theta}_d$(旋转、俯仰及偏航 ϕ_d,θ_d,ψ_d),以及期望总拉力 f_d。

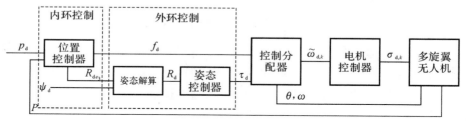

图 3-21　多旋翼无人机自主控制闭环

(2)姿态控制

期望姿态角 $\boldsymbol{\Theta}_d$,以解算期望力矩 τ_d。

(3)控制分配

期望力矩 τ_d 和期望总拉力 f_d,以解算期望电机转速 $\widetilde{\omega}_{d,k}$,或发动机油门 $\sigma_{d,k}(k=1,2,\cdots,n)$。

(4)动力控制

电机转速 $\widetilde{\omega}_{d,k}$,或发动机油门开度 $\sigma_{d,k}(k=1,2,\cdots,n)$。

2. 位置控制

(1)传统 PID 控制设计

1)水平通道:根据之前建立的旋翼无人机水平通道模型及期望水平位置动态,有

$$\ddot{\boldsymbol{p}}_{\mathrm{h}} = \ddot{\boldsymbol{p}}_{\mathrm{hd}} - K_{p_{\mathrm{hd}}}(\dot{\boldsymbol{p}}_{\mathrm{h}} - \dot{\boldsymbol{p}}_{\mathrm{hd}}) - K_{p_{\mathrm{h}}p}(\boldsymbol{p}_{\mathrm{h}} - \boldsymbol{p}_{\mathrm{hd}}) \tag{3-35}$$

从而有

$$\boldsymbol{\Theta}_{\mathrm{hd}} = -g^{-1}\boldsymbol{A}_{\psi}^{-1}\left[\ddot{\boldsymbol{p}}_{\mathrm{hd}} - K_{p_{\mathrm{hd}}}(\dot{\boldsymbol{p}}_{\mathrm{h}} - \dot{\boldsymbol{p}}_{\mathrm{hd}}) - K_{p_{\mathrm{h}}p}(\boldsymbol{p}_{\mathrm{h}} - \boldsymbol{p}_{\mathrm{hd}})\right] \tag{3-36}$$

式中，$K_{(*)}$ 表示参数，当考虑定点控制时，有

$$\dot{\boldsymbol{p}}_{\mathrm{hd}} = \ddot{\boldsymbol{p}}_{\mathrm{hd}} = \boldsymbol{0}_{2\times1} \tag{3-37}$$

2）高度通道模型：根据之前建立的旋翼无人机高度通道模型及期望高度位置动态，有

$$\ddot{\boldsymbol{p}}_{z} = \ddot{\boldsymbol{p}}_{\mathrm{zd}} - K_{p_{\mathrm{zd}}}(\dot{\boldsymbol{p}}_{z} - \dot{\boldsymbol{p}}_{\mathrm{zd}}) - K_{p_{z}p}(\boldsymbol{p}_{z} - \boldsymbol{p}_{\mathrm{zd}}) \tag{3-38}$$

可得到

$$\boldsymbol{f}_{\mathrm{d}} = m\boldsymbol{g} - m\left[\ddot{\boldsymbol{p}}_{\mathrm{zd}} - K_{p_{\mathrm{zd}}}(\dot{\boldsymbol{p}}_{z} - \dot{\boldsymbol{p}}_{\mathrm{zd}}) - K_{p_{z}p}(\boldsymbol{p}_{z} - \boldsymbol{p}_{\mathrm{zd}})\right] \tag{3-39}$$

当考虑定点控制时，可得到

$$\boldsymbol{f}_{\mathrm{d}} = m\boldsymbol{g} - m\left[-K_{p_{\mathrm{zd}}}\dot{\boldsymbol{p}}_{z} - K_{p_{z}p}(\boldsymbol{p}_{z} - \boldsymbol{p}_{\mathrm{zd}})\right] \tag{3-40}$$

（2）开源驾驶仪 PID 设计

1）水平通道模型：为了使 $\lim\limits_{t\to\infty}\|\boldsymbol{e}_{p_{\mathrm{h}}}(t)\|=0$，先针对 $\dot{\boldsymbol{p}}_{\mathrm{h}}=\boldsymbol{v}_{\mathrm{h}}$ 得到期望速度

$$\boldsymbol{v}_{hd} = K_{p_{\mathrm{h}}}(\boldsymbol{p}_{\mathrm{hd}} - \boldsymbol{p}_{\mathrm{h}}) \tag{3-41}$$

在 $\dot{\boldsymbol{p}}_{\mathrm{hd}}=\boldsymbol{0}$ 的前提下，如果

$$\lim_{t\to\infty}\|\boldsymbol{e}_{v_{\mathrm{h}}}(t)\|=0 \tag{3-42}$$

那么

$$\lim_{t\to\infty}\|\boldsymbol{e}_{p_{\mathrm{h}}}(t)\|=0 \tag{3-43}$$

式中，$\boldsymbol{e}_{v_{\mathrm{h}}} \overset{\mathrm{def}}{=\!=\!=} \boldsymbol{v}_{\mathrm{h}} - \boldsymbol{v}_{\mathrm{hd}}$，速度达到期望值，将使得位置亦能达到期望值。

为了使 $\lim\limits_{t\to\infty}\|\boldsymbol{e}_{v_{\mathrm{h}}}(t)\|=0$，先针对水平通道的速度模型 $\dot{\boldsymbol{v}}_{\mathrm{h}}=-g\boldsymbol{A}_{\psi}\boldsymbol{\Theta}_{\mathrm{h}}$，有

$$\boldsymbol{\Theta}_{\mathrm{hd}} = g^{-1}\boldsymbol{A}_{\psi}^{-1}\left(K_{v_{\mathrm{h}}p}\boldsymbol{e}_{v_{\mathrm{h}}} + K_{v_{\mathrm{h}}i}\int\boldsymbol{e}_{v_{\mathrm{h}}} + K_{v_{\mathrm{h}}d}\dot{\boldsymbol{e}}_{v_{\mathrm{h}}}\right) \tag{3-44}$$

如果

$$\lim_{t\to\infty}\|\boldsymbol{\Theta}_{\mathrm{h}}(t) - \boldsymbol{\Theta}_{\mathrm{hd}}(t)\|=0 \tag{3-45}$$

那么

$$\lim_{t\to\infty}\|\boldsymbol{e}_{v_{\mathrm{h}}}(t)\|=0 \tag{3-46}$$

角度达到期望值后，将使得速度亦能达到期望值。

2）高度通道模型：高度通道控制设计为

$$\left.\begin{aligned}\boldsymbol{v}_{\mathrm{zd}} &= K_{p_{z}}(\boldsymbol{p}_{z} - \boldsymbol{p}_{\mathrm{zd}}) \\ \boldsymbol{f}_{\mathrm{d}} &= m\left(g + K_{v_{z}p}\boldsymbol{e}_{v_{z}} + K_{v_{z}i}\int\boldsymbol{e}_{v_{z}} + K_{v_{z}d}\dot{\boldsymbol{e}}_{v_{z}}\right)\end{aligned}\right\} \tag{3-47}$$

竖直方向速度能达到期望，高度也就能达到期望。

开源自动驾驶仪 PID 设计水平通道和高度通道模型步骤如图 3-22 所示：

在传统 PID 和开源自驾仪 PID 中，如果 $\boldsymbol{\Theta}_{hd} \gg 2\pi$，会造成角度误差很大，小角度假设会被破坏，将导致位置误差很大，控制器的设计将没有意义，因此需要加入饱和。即在开源自驾仪 PID 设计中：

一是增加对 $\boldsymbol{e}_{v_{\mathrm{h}}}$ 和控制器右端的限幅

$$\left.\begin{aligned}\boldsymbol{e}_{v_{\mathrm{h}}} &= \mathrm{sat}_{\mathrm{gd}}(\boldsymbol{v}_{\mathrm{h}} - \boldsymbol{v}_{\mathrm{hd}}, a_{1}) \\ \boldsymbol{\Theta}_{\mathrm{hd}} &= \mathrm{sat}_{\mathrm{gd}}\left[g^{-1}\boldsymbol{A}_{\psi}^{-1}\left(K_{v_{\mathrm{h}}p}\boldsymbol{e}_{v_{\mathrm{h}}} + K_{v_{\mathrm{h}}i}\int\boldsymbol{e}_{v_{\mathrm{h}}} + K_{v_{\mathrm{h}}d}\dot{\boldsymbol{e}}_{v_{\mathrm{h}}}\right), a_{2}\right]\end{aligned}\right\} \tag{3-48}$$

式中，a_1，$a_2 \in \mathbf{R}^+$，$\mathrm{sat}_{\mathrm{gd}}(x,a)$ 为保方向饱和函数。保方向饱和函数不仅可以限制最终向量每个分量的绝对值不大于 a，还可以保证 $\mathrm{sat}_{\mathrm{gd}}(x,a)$ 的方向与 x 相同。

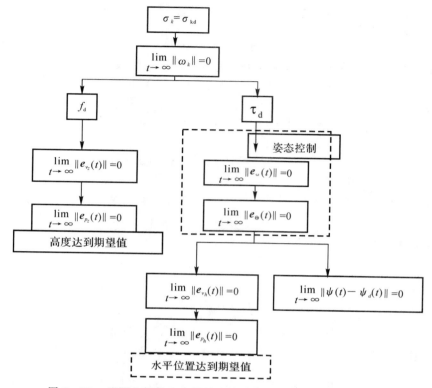

图 3-22　开源自驾仪 PID 设计水平通道和高度通道模型步骤

二是增加对 $\boldsymbol{e}_{\mathrm{vz}}$ 和控制器右端的限幅

$$\boldsymbol{e}_{v_z} = \mathrm{sat}_{\mathrm{gd}}(\boldsymbol{v}_z - \boldsymbol{v}_{\mathrm{zd}}, a_3)$$

$$\boldsymbol{f}_d = \mathrm{sat}_{\mathrm{gd}}\left[m\left(g + k_{v_z p}\boldsymbol{e}_{v_z} + k_{v_z i}\int \boldsymbol{e}_{v_z} + k_{v_z d}\dot{\boldsymbol{e}}_{v_z}\right), a_4\right] \tag{3-49}$$

式中，a_3，$a_4 \in \mathbf{R}^+$，对于一维变量，保方向饱和函数 $\mathrm{sat}_{\mathrm{gd}}(x,a)$ 和传统饱和函数 $\mathrm{sat}(x,a)$ 的作用相同。

多旋翼无人机飞行高度 PID 调参在定高模式下进行，流程如图 3-23 所示。飞行水平位置 PID 调参在悬停模式下进行，调节原则基本相同，流程如图 3-24 所示。

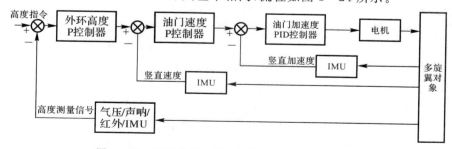

图 3-23　多旋翼无人机飞行高度 PID 调参流程

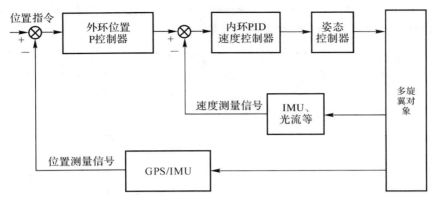

图 3-24 多旋翼无人机飞行水平位置 PID 调参流程

3. 姿态控制

在旋翼无人机的分层控制中,外环控制器输出将作为内环控制器的期望指令,即将 $\boldsymbol{\Theta}$ 或者 $\boldsymbol{R}_{\mathrm{d}}$ 作为姿态控制的期望,姿态控制的目的就是使

$$\lim_{t \to \infty} \parallel \boldsymbol{\Theta}_h(t) - \boldsymbol{\Theta}_{\mathrm{hd}}(t) \parallel = 0 \qquad (3-50)$$

或者

$$\lim_{t \to \infty} \parallel \boldsymbol{R}^{\mathrm{T}} \boldsymbol{R}_{\mathrm{d}} - \boldsymbol{I}_3 \parallel = 0 \qquad (3-51)$$

一般要求内环控制器的收敛速度比水平通道动态快 $4 \sim 5$ 倍。

姿态控制的目标是已知参考姿态角 $\boldsymbol{\Theta}_{\mathrm{d}} = [\boldsymbol{\Theta}_{\mathrm{hd}}^{\mathrm{T}} \quad \psi_{\mathrm{d}}]^{\mathrm{T}}$,设计控制器 τ_{d} 使得 $\lim\limits_{t \to \infty} \parallel e_{\Theta}(t) \parallel = 0$,其中 $e_{\Theta} \xlongequal{\text{def}} \boldsymbol{\Theta} - \boldsymbol{\Theta}_{\mathrm{d}}$,$\boldsymbol{\Theta}_{\mathrm{hd}}^{\mathrm{T}}$ 是由位置控制器给定,ψ_d 由任务规划给定。

(1)角度控制环

首先针对 $\dot{\boldsymbol{\Theta}} = \boldsymbol{\omega}$,设计角速度期望 $\boldsymbol{\omega}_{\mathrm{d}}$ 为

$$\boldsymbol{\omega}_{\mathrm{d}} = -\boldsymbol{K}_{\Theta} e_{\Theta} \qquad (3-52)$$

式中,$\boldsymbol{K}_{\Theta}$ 是正定的常值对角矩阵,所有圆度都大于 0。

2)角速度控制环

针对

$$\boldsymbol{J}\dot{\boldsymbol{\omega}} = \tau \qquad (3-53)$$

设计转矩的期望值 $\boldsymbol{\tau}_{\mathrm{d}}$,有

$$\boldsymbol{\tau}_{\mathrm{d}} = -\boldsymbol{K}_{\omega \mathrm{p}} e_w + \boldsymbol{K}_{\omega i} \int e_w + \boldsymbol{K}_{\omega \mathrm{d}} \dot{e}_w \qquad (3-54)$$

式中,$e_{\omega} \xlongequal{\text{def}} \boldsymbol{\omega} - \boldsymbol{\omega}_{\mathrm{d}}$;$\boldsymbol{K}_{\omega \mathrm{p}}, \boldsymbol{K}_{\omega i}, \boldsymbol{K}_{\omega \mathrm{d}} \in \boldsymbol{R}^{3 \times 3}$。

飞行姿态 PID 调参流程如图 3-25 所示:

姿态 PID 调参方法如下:

1)用多旋翼无人机飞控自带的参数进行简单试飞(做好安全防护措施),记录飞行操控数据,数据分析飞控 log 文件,获取姿态响应曲线。

2)调整内环角速度 P 增益,使得响应快速、无振动、无超调。

3)略微调整内环控制器 I 和 D 增益,进一步优化响应,适当返回去调整速度 P 增益。

4)同理,调整偏航内环角速度 P 增益,接着调整内环 I 和 D 增益,最后调整外环 P 增益。

5)根据飞行效果,针对性地微调各个参数。

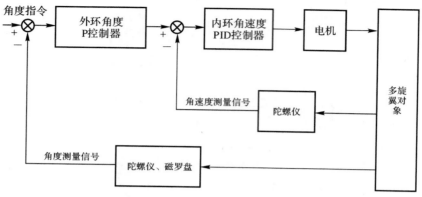

图 3 - 25　飞行姿态 PID 调参流程

4. 控制分配

控制分配问题可描述为:给定 $\boldsymbol{u}_v(t)$,寻找 $\delta(t)$,使得

$$\boldsymbol{u}_v(t) = \boldsymbol{g}[\delta(t)] \tag{3-55}$$

式中,$\boldsymbol{g}:\boldsymbol{R}^m \rightarrow \boldsymbol{R}^n$ 为执行机构的控制输入到伪控制输出的映射关系。假设操纵机构偏转量 $\boldsymbol{\delta}(t)$ 与其产生的控制力矩 $\boldsymbol{u}_v(t)$ 之间是线性关系,则旋翼无人机控制分配问题可以表示为

$$\boldsymbol{u}_v(t) = \boldsymbol{B}\boldsymbol{\delta}(t) \tag{3-56}$$

式中,$\boldsymbol{B} \in \boldsymbol{R}^{m\times n}$ 为已知控制效率矩阵。

5. 动力控制

在开源自驾仪中,电机为开环控制,在得到 f_d, τ_d 之后,期望每个旋翼的转速为 $\widetilde{\omega}_k, k=1, 2, \cdots, n$,可通过控制分配直接得到,其与期望油门值成正比,开环控制器可以设计为

$$\sigma_{kd} = a\widetilde{\omega}_k + b \tag{3-57}$$

式中,参数 a, b 可以通过位置和姿态控制器中的 PID 参数来补偿。

多旋翼无人机电机系统的开环控制如图 3 - 26 所示。

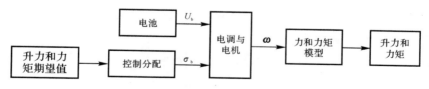

图 3 - 26　多旋翼无人机电机系统开环控制

第4章 四轴飞行器拆装

每一台功能复杂的无人机都是由一个个相对简单的子系统组合而成的,通过学习无人机的拆装技术,可逐步了解无人机的构造原理。

NPU - X04E 无人机的主体结构件采用 3D 打印技术制作而成,结构简单明了,方便初学者拆装、制作或者二次开发。NPU - X04E 无人机可用于开展无人机拆装、飞行、飞控开发、人工智能(Artificial Intelligence,AI)技术应用开发和图形化编程等项目的实验和实训教学。

4.1 NPU - X04E 机体系统构成

4.1.1 机体主要构成

在无人机机体的系统构成中,根据无人机所应用的行业,其机体结构会有相应的变化。NPU - X04E 无人机机体构成(见图 4 - 1)主要有以下部分。

1. 起落架

起落架使无人机在地面或水面进行起飞、着陆和停放。

2. 机臂

机臂连接机身与动力系统,使其发挥最大的动力输出优势。

3. 上盖板

上盖板容纳无人机 GPS 等传感器。

4. 上底板

上底板容纳无人机飞控等模块。

5. 下底板

下底板容纳无人机分电板、连接线等。

6. 电池仓

电池仓容纳与固定动力电池,防止电池晃动,与下底板组合使用。

7. 云台

云台为相关外置机械装置提供支撑作用。

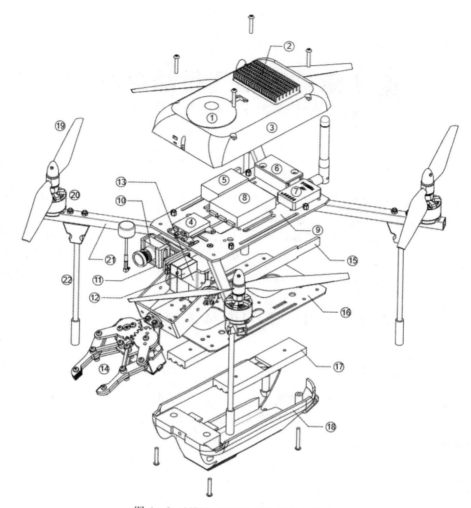

图 4-1 NPU-X04E 无人机机体构成

①GPS； ②激光头传感器模块； ③上盖板； ④第一人称主视角(First Person View, FPV)图传模块；
⑤接收机； ⑥电源模块； ⑦数传模块； ⑧飞控； ⑨上底板； ⑩FPV 摄像头；
⑪FPV 摄像头云台； ⑫金属舵机； ⑬机械臂云台； ⑭机械手手臂； ⑮侧挡板； ⑯下底板；
⑰电调仓； ⑱电池仓； ⑲螺旋桨； ⑳无刷电机； ㉑碳纤维机臂； ㉒起落架

4.1.2 动力系统构成

多旋翼无人机的动力系统主要包括电机、电子调速器、螺旋桨以及电池。

1. 电机

电机是将电能转化为机械能的一种电磁装置，由定子、转子、铁芯和磁钢等部分组成。电机分为有刷电机和无刷电机。当前，无人机使用的电机以无刷电机为主，电机的底部固定在机臂上的电机座上，顶部安装螺旋桨，电机通过带动螺旋桨旋转产生升力[21]，如图 4-2 所示。

图 4 - 2　NPU - X04E 无人机电机

2. 电调

电调的主要作用是将直流电转换成脉冲直流电,并根据控制信号调整脉冲直流电的频率来控制电机的转速,如图 4 - 3 所示。

图 4 - 3　NPU - X04E 无人机电调

3. 螺旋桨

螺旋桨是将电机转动功率转化为推进力的装置,如图 4 - 4 所示。螺旋桨有两个重要的参数,即直径和螺距,值得注意的是,通常它们的单位都是 in (1 in≈2.54 cm)。比如,我们平时所说的 8045 螺旋桨就是指它的直径为8 in,螺距为 4.5 in。

图 4 - 4　NPU - X04E 无人机螺旋桨

4. 电池

一般采用锂电池,该类型电池具有能量密度大、质量小以及放电电流高等特点,如图 4 - 5 所示。

图 4 - 5　NPU - X04E 无人机电池

4.1.3　电气系统构成

无人机的电气系统一般包括电源、配电系统和用电设备三个部分,电源和配电系统两者的组合统称为供电系统,其作用是向各个电系统或者设备提供满足预设要求的电能[22]。本书介绍的电气系统包括 GPS 模块、NPU - X04E 数传模块、NPU - X04E 图传模块以及 NPU - X04E 屏幕菜单式调节(On Screen Display,OSD)模块等,图 4 - 6 所示是一些基本用电模块。

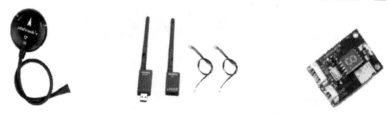

图 4 - 6　NPU - X04E 电气设备(GPS 模块、数传模块、图传模块)

4.1.4　控制系统构成

无人机飞行控制系统是指能够稳定无人机的飞行姿态,并能控制无人机自主或半自主飞行的控制系统,是无人机的大脑,也是区别于航模的最主要标志,简称"飞控"[23],如图 4 - 7 所示。

图 4 - 7　无人机飞行控制系统

无人机通过飞控的传感器感知当前的姿态,然后通过电调控制各轴上的螺旋桨转速来控制无人机的姿态,以实现悬停、转弯、爬升、俯冲和横滚等动作。如果无人机没有飞行控制系统,四轴飞行器就会因为四个轴上的动力输出不协调而导致飞行器左右、上下地胡乱翻滚,根本无法飞行。

　　飞行控制系统的硬件包括主控制模块、信号调理及接口模块、数据采集模块以及舵机驱动模块等。各个功能模块组合在一起,构成飞行控制系统的核心[24]。其中硬件参数系统包括主控、接口输入端、接口输出端、信号端、地面站、舵机和显示器。软件参数系统包括速度传感器、角速率传感器、高度传感器、气压计和光流计等。NPU – X04E 的飞行控制系统通过传感器和PID 参数调节对无人机进行增稳控制,通过电调改变电机的转速以实现对无人机姿态的控制。

4.1.5　载荷系统构成

　　NPU – X04E 无人机的设计围绕实际应用场景的任务载荷进行。有些无人机可携带多种任务载荷,大多数无人机系统升空执行任务时通常需要搭载任务载荷。任务载荷一般与侦察、武器投射、通信、遥感或货物有关。

　　某特定组件,如摄像头,可永久安装在无人机上,以便操作人员获得固定的视角。也可安装在云台上,使其能够在预定范围内转动。此外,有的无人机还装有振动隔离装置,振动隔离一般通过安装弹性/橡胶座来减小振动。

　　NPU – X04E 无人机所使用的载荷设备有两种:一种是机械手臂,如图4 – 8(a)所示,主要完成夹取任务;一种是机械云台类手臂,如图 4 – 8(b)所示,主要提供整个飞行环境的视野和完成录像任务。

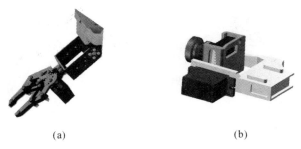

(a)　　　　　　　　　　　(b)

图 4 – 8　NPU – X04E 无人机载荷系统

(a)机械手臂;　(b)机械云台类手臂

4.1.6　链路系统构成

　　链路系统也是无人机系统的重要组成部分,其主要任务是建立一个空地双向数据传输通道,用于完成地面控制站对无人机的远距离遥控、遥测和任务信息传输[25]。无人机链路地面部分也称为地面数据终端(Ground Data Terminal,GDT),该终端包括天线、RF 接收机、RF 发射机和调制解调器等部分,如图 4 – 9 所示。

图 4 – 9　NPU – X04E 无人机链路系统

遥控实现了对无人机和任务设备的远距离操作,遥测实现了对无人机状态的监测。任务信息传输则通过下行无线信道向测控站传送由机载任务传感器所获取的视频、图像等信息,是无人机完成任务的关键,传输质量直接关系到无人机发现和识别目标的能力[26]。

无人机链路的机载部分包括机载数据终端(Airborne Data Terminal,ADT)和天线。机载数据终端包括 RF 接收机、RF 发射机以及用于连接接收机和发射机到系统其余部分的调制解调器,有些机载数据终端为了满足下行链路的带宽限制,还提供了用于压缩数据的处理器。天线采用全向天线,有时也要求采用具有增益的定向天线[25]。

4.2　NPU-X04E 无人机拆装教学工具

4.2.1　机械类工具

NPU-X04E 无人机拆装过程中需要用到的机械类工具主要包括内六角螺丝刀、尖嘴钳、斜口钳、十字螺丝刀、老虎钳、剥线钳、台钳及端子钳,如图 4-10 所示。

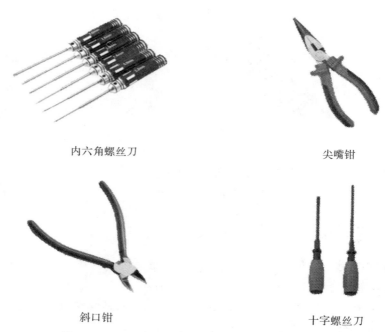

内六角螺丝刀　　　　　　　　　　　　尖嘴钳

斜口钳　　　　　　　　　　　　十字螺丝刀

图 4-10　NPU-X04E 无人机拆装机械类工具

4.2.2　胶纸类工具

NPU-X04E 无人机拆装过程中需要用到的胶纸类工具主要包括双面胶、纸胶带、AB 胶、绝缘胶及螺纹紧固胶,如图 4-11 所示。

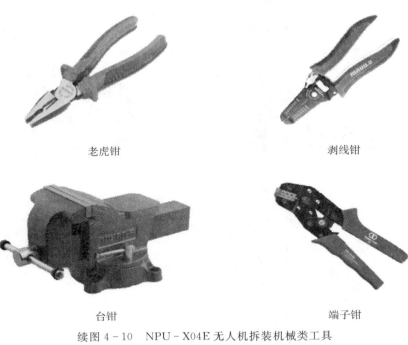

老虎钳　　　　　　　　　　　剥线钳

台钳　　　　　　　　　　　　端子钳

续图 4 - 10　NPU - X04E 无人机拆装机械类工具

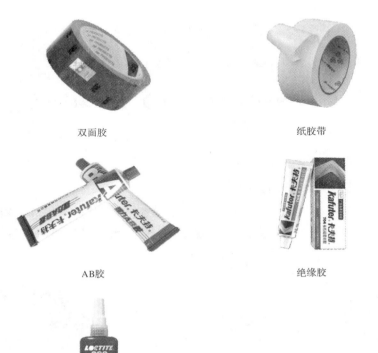

双面胶　　　　　　　　　　　纸胶带

AB胶　　　　　　　　　　　　绝缘胶

螺纹 紧固胶

图 4 - 11　NPU - X04E 无人机拆装胶纸类工具

4.2.3　电子设备安装调试类工具

NPU－X04E无人机拆装过程中需要用到的电子设备安装调试类工具主要包括电烙铁、热风枪、万用表及水平仪，如图4－12所示。

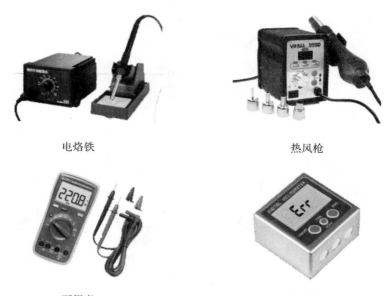

电烙铁　　　　　　　　　　　　　热风枪

万用表　　　　　　　　　　　　　水平仪

图4－12　NPU－X04E无人机电子设备安装调试类工具

其他类工具包括扎带、剪刀、镊子、钢尺、小锉刀、信号线、各类电源接头和热缩管等。

4.3　NPU－X04E无人机装机工艺

4.3.1　电气系统的组装工艺

1. NPU－X04E无人机电机的焊接

将所有组装电机需要的工具准备好，确认工具齐全一致，然后使用电烙铁进行焊接，焊接时需要注意区分电机接头与端子接头的端口是否准确，一般所采用的端子是 XT60－M，如图4－13所示。

图4－13　NPU－X04E无人机电机

2. NPU - X04E 无人机电调的焊接

将所有组装电调需要的工具准备好,确认工具齐全一致,然后使用电烙铁进行焊接,焊接时需要注意区分电调线束接头的端口是否准确,一般所采用的端子是 XT60 - M 与 XT60 - F。其中,电源端使用的是 XT60 - F 端口,信号端使用的是 XT60 - M 端口,如图 4 - 14 所示。

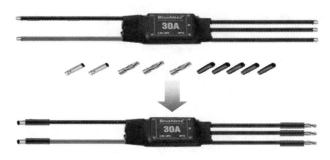

图 4 - 14　NPU - X04E 无人机电调

3. NPU - X04E 无人机分电板的焊接

NPU - X04E 无人机分电板用于连接电池与电调,分电板将动力电源分为 4 组,分别为 4 个电调供电,如图 4 - 15 所示。

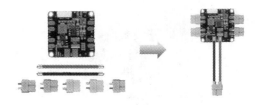

图 4 - 15　NPU - X04E 无人机分电板

4.3.2　电子设备的组装工艺

1. NPU - X04E 无人机相机云台系统的组装

相机云台系统主要为 NPU - X04E 无人机提供飞行视角,在组装工艺中,主要包括云台、相机支架、相机主体和金属舵机的安装。需要特别注意的是,安装时相机的安装方向与金属舵机的舵臂方向要保持一致,如图 4 - 16 所示。

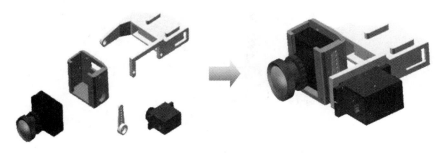

图 4 - 16　相机云台系统

2. NPU - X04E 无人机机械臂系统的组装

无人机机械臂系统为飞机的扩展系统,主要根据需求配合无人机完成相应的机械抓取任务。NPU - X04E 无人机的机械臂系统如图 4 - 17 所示。

图 4 - 17　机械臂系统

3. NPU - X04E 无人机数据链路系统的组装

NPU - X04E 无人机数据链路系统的组装主要包括 OSD 模块、图传模块和数传模块三大部分。无人机 OSD 模块指的是视频叠加显示的设备,在显示终端上叠加显示字符、图形和图像,以便在一块屏幕上可以同时获取更多无人机信息,如图 4 - 18 所示。

图 4 - 18　OSD 模块

数传模块是无线的,它具有数据线的功能,该模块的优点是调参方便,可以在飞行过程中调参,并且可以传回飞行控制系统的飞行数据,如图 4 - 19 所示。

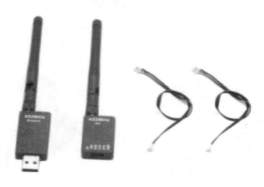

图 4 - 19　数传模块

　　图传模块是第一人称视角（First Person View，FPV）不可缺少的设备，图传模块的功能是传输视频信号，图传模块电路板如图 4-20 所示。

图 4-20　图传模块电路板

　　一般情况下，上述三个模块是密不可分的一体模块化系统，数传模块可作为一个独立的部分，固定在飞机机身水平方向的一侧，如图 4-21 所示。

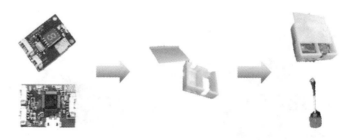

图 4-21　图传与数传装配

4.3.3　结构系统的组装工艺

1）线束包括信号延长线、信号线和转接线，其组装过程如图 4-22 所示。

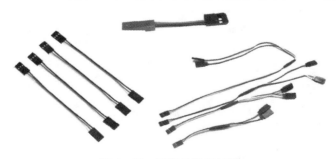

图 4-22　线束的组装过程

2)电池仓的组装过程如图 4 - 23 所示。

图 4 - 23　电池仓的组装过程

3)起落架的组装过程如图 4 - 24 所示。

图 4 - 24　起落架的组装过程

4)电调卡槽的组装过程如图 4 - 25 所示。

图 4 - 25　电调卡槽的组装过程

5)机械臂舵机的组装过程如图 4 - 26 所示。

图 4 - 26　机械臂舵机的组装过程

6)分电板的组装过程如图 4 - 27 所示。

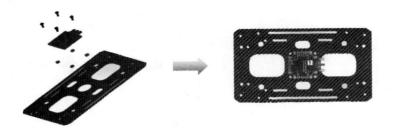

图 4 - 27　分电板的组装过程

7)电机的组装过程如图 4 - 28 所示。

图 4 - 28　电机的组装过程

8)电机-起落架-机臂的组装过程如图 4 - 29 所示。

图 4 - 29　电机-起落架-机臂的组装过程

9)下底板-电调-电池仓的组装过程如图 4 - 30 所示。

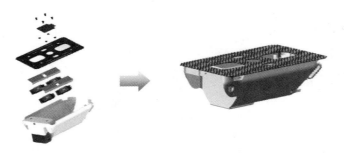

图 4 - 30　下底板-电调-电池仓的组装过程

10)上底板-小云台-机臂-下底板的组装过程如图 4 - 31 所示。

图 4-31　上底板-小云台-机臂-下底板的组装过程

11)飞控-图传-数传-接收系统的组装过程如图 4-32 所示。

图 4-32　飞控-图传-数传-接收系统的组装过程

12)GPS-上盖板-图传天线-数传天线的组装过程如图 4-33 所示。

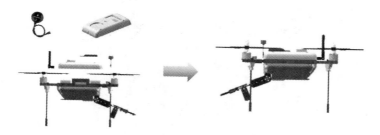

图 4-33　GPS-上盖板-图传天线-数传天线的组装过程

13)飞机螺旋桨的安装与检查:安装螺旋桨前,要先区分正桨和反桨。螺旋桨的组装过程如图 4-34 所示。

图 4-34　螺旋桨的组装过程

4.4　NPU-X04E 无人机拆机工艺

4.4.1　机体系统的拆机工艺

1)拆除无人机图传天线、数传天线、螺旋桨叶和云台系统(外置机械系统),拆除过程如图 4-35 所示。

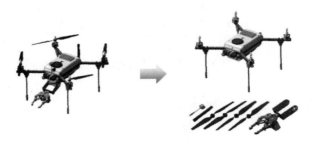

图 4-35　外置机械系统拆除过程

2)拆除无人机上盖板(注意 GPS 接线与接收机线),拆除过程如图 4-36 所示。

图 4-36　上盖板拆除过程

4.4.2　链路系统的拆机工艺

1)拆除无人机图传-数传-接收机-飞控模块,如图 4-37 所示。

图 4-37　图传-数传-接收机-飞控模块拆除过程

2)拆除无人机起落架-电池仓,如图 4-38 所示。

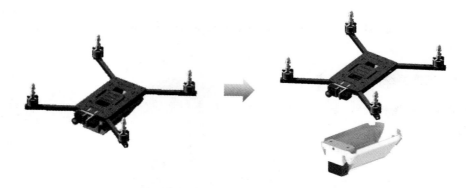

图 4 - 38　起落架-电池仓拆除过程

3）拆除舵机-舵机卡槽，如图 4 - 39 所示。

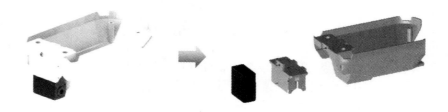

图 4 - 39　舵机-舵机卡槽拆除过程

4）拆除 GPS-上盖板，如图 4 - 40 所示。

图 4 - 40　GPS-上盖板拆除过程

5）拆除相机云台系统，如图 4 - 41 所示。

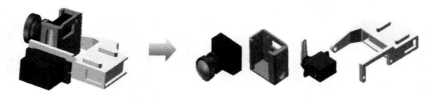

图 4 - 41　相机云台系统拆除过程

4.4.3　电气系统的拆机工艺

1)拆除无人机上底板-机臂-电机-相机云台系统,如图 4 - 42 所示。

图 4 - 42　上底板-机臂-电机-相机云台系统拆除过程

2)拆除无人机下底板-电调-电调卡槽,如图 4 - 43 所示。

图 4 - 43　下底板-电调-电调卡槽拆除过程

3)拆除下底板-分电板,如图 4 - 44 所示。

图 4 - 44　下底板-分电板拆除过程

第 5 章　旋翼无人机模拟飞行

5.1　模拟器软件介绍

航模模拟器是安装在计算机中的模拟飞行软件,将遥控器与计算机连接就可以直接进行模拟飞行操作练习。软件里有各种各样的遥控飞机可供选择,选好飞机类型后,用遥控器控制,既能体验飞行的乐趣,又能掌握各种飞行技巧。航模模拟器是比例控制,就是说它的操作和真实现场的操作是基本一致的,它的操作都是为实际操作提供前期训练的。新手使用模拟器练习飞行,要想熟练地操纵四轴无人机,就要好好地练习基本飞行技术,体会正确操纵遥杆的感觉。想要掌握四轴无人机的飞行并不难,但对于初学者而言,在飞真机之前用航模模拟器练习,可以大幅降低摔机的概率,为用户节约飞行成本。在模拟器中操控模型飞机,练习一段时间后,就可以进行真机的飞行练习了。此外,模拟器不受场地、天气、设备的影响,只要有一台电脑,就可以随时随地进行模拟飞行。目前比较流行的模拟器软件主要有 Real Flight、Reflex XTR、Aerofly 和 Phoenix 等[26]。

1. Real Flight 简介

Real Flight 具有细腻的设定,是目前拟真度及画面性能最佳的一款模拟飞行软件。Real Flight 航模模拟器已经出了 7 个版本,从最初的版本 G1 到现在的版本 G7。Real Flight 的启动界面如图 5-1 所示。

图 5-1　Real Flight 启动界面

2. Reflex XTR 简介

Reflex XTR 简称"XTR 模拟器",是德国人开发的一款飞行模拟器。XTR 模拟器适合直机模拟飞行,附带精选的 26 个飞行场景,具有独特的优点:环境仿真程度最高、相关设置最简单、安装过程最方便。目前,该程序的最新版本同时支持德文、法文、英文、中文,只需在菜单中选择语言即可。此外,这款软件不仅具有众多的机种,用户还可以设计一款只属于自己的定制机种,并对翼展、翼弦、翼型、发动机的大小、桨的尺寸以及涂装等参数进行设置。Reflex XTR 的启动界面如图 5 - 2 所示。

图 5 - 2　Reflex XTR 启动界面

3. Aerofly 简介

Aerofly 是德国人开发的一款模拟软件,图像仿真程度较高,适合中高级训练者使用,但价格昂贵,对电脑配置要求较高。该软件的 3D 引擎并不是其他几款使用的 Direct X,而是 Open GL,在同等效果下,Aerofly 对系统的要求比 G3、Reflex 低,图像更流畅,但显卡兼容性比 Reflex、G2 以及 G3 差,在某些老显卡配置下,电脑会黑屏,Aerofly 的启动界面如图 5 - 3 所示。

图 5 - 3　Aerofly 启动界面

4. Phoenix R/C 简介

Phoenix 也称凤凰,从其程序和接口的设计风格上可以看出,它和 Reflex XTR 有很深的渊源,它综合了 Reflex XTR 设置简单的优点,并提供了水面场景,使用过程中 Phoenix 必须采用专用的硬件狗,但其语言资源文件是加密的,因此,汉化工作难度较大,Reflex XTR 是标准资源,比较容易汉化,Phoenix 是全世界最为流行的一款模拟器,可自由选择飞行场景、飞行时的天气状况(如风向、风速等),以更准确地模拟现实情况。通过使用该软件,初学者可以迅速掌握各种复杂操作。Phoenix R/C 的软件图标如图 5-4 所示。

图 5-4 Phoenix R/C 软件图标

5. FMS 简介

FMS 是另外一款普及率非常高的航模模拟器软件,它是完全免费的,现在很多航模器材赠送的软件都是 FMS。由于 FMS 的画面效果不太理想,因此许多人转而使用其他品牌的航模模拟器。

5.2   软件系统安装及基本设置

Phoenix R/C 软件安装比较简单,操作也比较容易,本书就以此款软件为例,详细介绍模拟飞行的相关操作。下面将以 Phoenix R/C 5.0 为例,简单介绍 Phoenix R/C 软件的安装过程。

5.2.1   凤凰 Phoenix 软件的安装

Step1. 先将安装光盘放入光驱内(如果已将系统安装文件复制到硬盘上,可双击系统安装目录下的 setup 文件),等待片刻后,会出现图 5-5 所示的"选择安装语言"对话框,选择欲安装的语言系统,在中文版的 Windows 系统中建议选择"简体中文"选项,单击 确定 按钮。

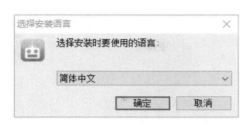

图 5－5　"选择安装语言"对话框

Step2.系统弹出图 5－6 所示的"安装向导"对话框，单击 下一步(N) ＞ 按钮。

图 5－6　"安装向导"对话框

Step3.系统弹出图 5－7 所示的对话框，在该对话框中单击 下一步(N) ＞ 按钮。

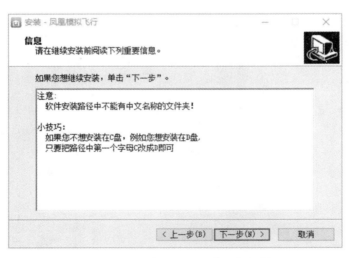

图 5－7　安装前需了解的"信息"对话框

Step4.系统弹出图 5－8 所示的"选择目标位置"对话框，选择接受系统默认路径，在该对话框中单击 下一步(N) ＞ 按钮。

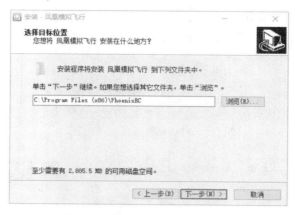

图 5-8　"选择目标位置"对话框

Step5. 系统弹出图 5-9 所示的"准备安装"对话框，单击 **安装(I)** 按钮。

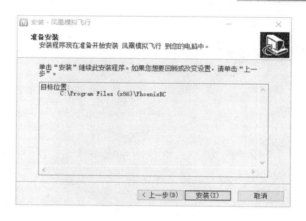

图 5-9　"准备安装"对话框

Step6. 系统弹出图 5-10 所示的"安装进度"对话框，此时系统开始安装 Phoenix R/C 主程序，并显示安装进度。

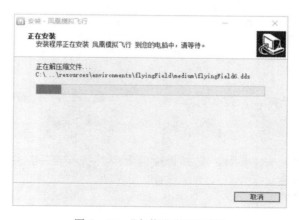

图 5-10　"安装进度"对话框

Step7. 几分钟后,系统弹出图 5 - 11 所示的"安装完成"对话框,单击 ▢完成(F)▢ 按钮退出安装程序。至此,软件安装完毕,并在桌面生成 2 个图标,如图 5 - 12 所示。

图 5 - 11　"安装完成"对话框

图 5 - 12　Phoenix R/C 快捷图标

5.2.2　连接硬件

将遥控器的四个微调摇杆都置于中间位置,然后把加密狗与遥控器连接好后插入电脑 USB 接口,系统会自动安装好驱动。图 5 - 13 所示是遥控器示意图。

图 5-13　遥控器示意图

5.2.3　Phoenix R/C 的基本设置

　　模拟器的调试和设置要根据通道来设定,一定要在遥控器的设置选项里设置好摇杆的位置校准中立点和通道的正反向,这样才能实现对飞机的精准操控。无人机的遥控器根据其操作方式的不同可以简单地分为两种:美国手和日本手。两者除了操作方式不同外,没有本质区别。在设置之前,先了解一下美国手和日本手。本书将以美国手为例进行讲解。

　　1. 美国手

　　美国手的油门和方向舵在左边,副翼和升降舵在右边。左手操纵杆向上是油门加大,飞机速度加快(油门杆是不回中的),反之减小,速度减慢。左杆向左,方向舵向左偏转,飞机航向向左偏转(方向杆要回中),反之向右,航向向右偏转。右杆向下,升降舵向上偏转,飞机机头向上爬升(升降杆要回中),反之向上,升降舵向下偏转,飞机机头向下俯冲。右杆向左,右边副翼向下偏转,左边副翼向上偏转,飞机以机身为轴心向左倾斜(副翼杆要回中),反之向右倾斜。图5-14中标注了美国手遥控器的各个操纵杆。

　　2. 日本手

　　日本手的油门和副翼在右边,方向舵和升降舵在左边。右手操纵杆(以下就称为右杆)向上是油门加大,飞机速度加快(油门杆是不回中的),反之减小,速度减慢。右杆向左,右边副翼向下偏转,左边副翼向上偏转,飞机以机身为轴心向左倾斜(副翼杆要回中),反之向右倾斜。左杆向左,方向舵向左偏转,飞机航向向左偏转(方向杆要回中),反之向右,航向向右偏转。左杆向下,升降舵向上偏转,飞机机头向上爬升(升降杆要回中),反之向上,升降舵向下偏转,飞机机头向下俯冲。图5-15中标注了日本手遥控器的各个操纵杆。

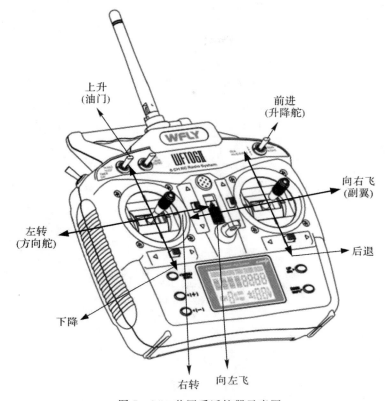

图 5 - 14　美国手遥控器示意图

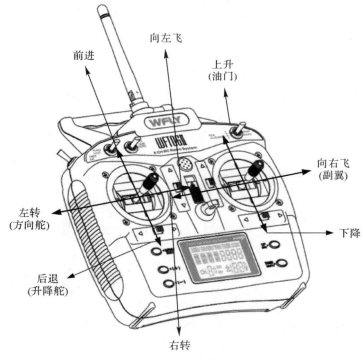

图 5 - 15　日本手遥控器示意图

主控制面板上的 4 个控制杆位置,通常情况下只有油门不会自动回到中位,而其他 3 个控制杆在被拨动后离开中间位置,在松开手指后会自动回至中位。这就是油门通道与其他通道的不同之处。当然油门通道不自动回中也是对无人机的一种保护,以免手滑油门回中发生意外。

一些小众品牌的遥控器,有一些极少数操控方式既不属于美国手也不属于日本手,它们的主控制面板上的 4 个控制杆位置都是可以自动回中的,而哪一个杆控制油门,哪一个杆控制滚转、俯仰及航向,并没有明确规定。在多数飞行控制器中,可以通过遥控器校准功能让使用者自行定义通道功能。

遥控器通道设置步骤如下:

Step1. 首先运行 Phoenix R/C 软件,打开后,选择菜单栏"系统设置"下的"配置新遥控器",进行通道设置,如图 5 - 16 所示。

图 5 - 16　配置新遥控器

Step2. 点击"下一步"直到出现图 5 - 17 所示界面。图中的 1、2、3、4 分别对应了遥控器的 4 个通道,所谓通道就是遥控器可以控制的动作路数,比如遥控器只能控制四轴上下飞,那么就是 1 个通道。如果四轴在控制过程中需要控制的动作路数包括高度控制(油门)、俯仰控制、滚转控制和偏航控制,就需要四路控制通道[28]。

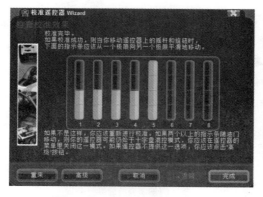

图 5 - 17　四路通道控制校准

　　进入遥控器的通道设置后,对遥控器通道进行选择,因为遥控器种类繁多,通道往往不同,所以需要选择与自己遥控器匹配的通道设置,如果通道选择在选项中没有,则选择系统默认设置。然后继续点击"下一步",出现提示"需创建一个遥控器配置文件",可以输入一个属于自己配置文件的名字,其中的设置类型选择"快速设置"即可,熟练掌握该软件之后,可以再试着进行高级设置。

　　Step3. 点击"下一步"直到出现图 5-18 所示界面,按照提示将摇杆放在中间位置,并将各个开关置于默认位置。

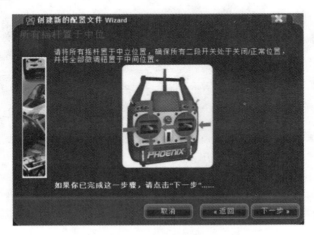

图 5-18　遥杆置于中间位置

　　Step4. 继续点击"下一步",进入各个通道正式设置。首先设置"引擎控制",如图 5-19 所示,以日本手为例,油门在右手方向,对应通道为 3 通道。在这个界面,需要移动遥控器的油门摇杆,将油门推到最高位置,然后拉到最低位置,来回拨动两三次完成油门通道选择。在设置过程中,如果移动错了摇杆,可以点击"重试"重新进行设置。

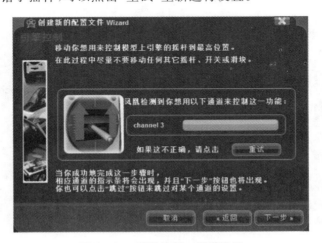

图 5-19　引擎控制—通道设置

　　Step5. 继续点击"下一步"会出现"桨距控制",但是对于四轴来说,不需要进行设置,直接跳过就行。接着进行方向舵控制设置,如图 5-20 所示。方向舵对应的通道为 4 通道,即四轴的偏航舵。

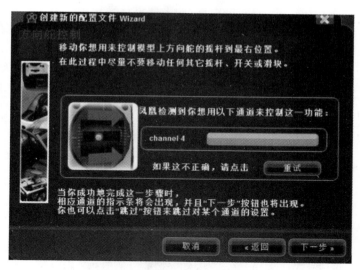

图 5-20　方向舵控制—通道设置

　　接下来是"升降舵控制"和"副翼控制",对于四轴而言,升降舵对应四轴的俯仰运动,通道为 2 通道。副翼控制对应四轴的滚转运动,对应通道为 1 通道。其设置过程和上述一样。

　　一般固定翼副翼接 1 通道,升降舵接 2 通道,油门接 3 通道,方向舵接 4 通道。

　　至此,完成基本的遥控器通道设置。

5.3　模拟飞行训练

5.3.1　选择飞机

在菜单"选择模型"下点击"更换模型",如图 5-21 所示。

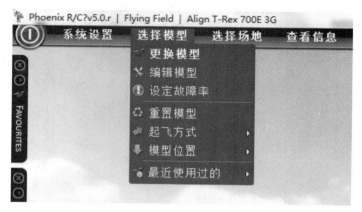

图 5-21　飞行器模型选择更换

　　然后,选择图 5-22 所示的四旋翼进行练习。

图 5 - 22　四旋翼飞行器模型选择

5.3.2　训练路线

1. 360°悬停

高度 1 m 基本保持不变,在小圆圈范围内,无错舵、逆时针或顺时针悬停皆可,图 5 - 23 以俯视顺时针为例。

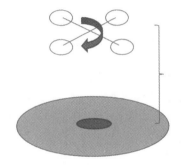

图 5 - 23　俯视顺时针 360°悬停

2. 顺/逆时针停转 90°矩形航线

顺时针、逆时针各飞行一圈,高度 1 m 基本保持不变,沿白线飞行,速度均匀(1～2 m/s),图 5 - 24 以逆时针为例。

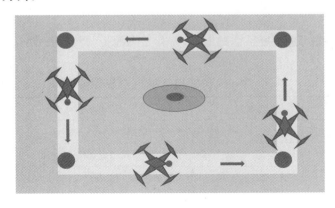

图 5 - 24　逆时针停转 90°矩行航线

3.对尾扫描航线飞行要求

高度 1 m 基本保持不变,速度均匀(1~2 m/s),白框范围内是 4 条均匀纵向扫描航线,图 5-25 以由右向左为例。

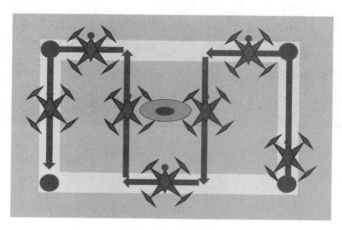

图 5-25　由右向左尾扫描航线

5.4　真机飞行训练

前文简单讲述了模拟器的使用和模拟飞行的要领,对于新手而言,如果不练习模拟器,没有掌握基本的飞行要领,就很容易摔坏四轴飞行器,还可能造成其他事故。所以,在真机飞行前一定要进行模拟器训练。等熟练掌握飞行技能之后,再进行真机练习。

5.4.1　试飞前检查与准备

四轴飞行器虽然算不上极其精密的仪器,但是在进行真正的飞行之前,为了保证安全,仍需做好各项检查工作。飞行器在运行时桨叶转速很高,为了避免带桨调试时的危险,调试时需要从无桨调试到有桨调试,循序渐进,以检查存在的问题,确保飞行安全。

1.检查过程

(1)连接线路

正确组装所有线路,避免短路情况出现,尤其是飞控板与接收机的连接。接收机与飞控板对应通道见表 5-1。

表 5-1　接收机与飞控板对应通道列表

通道数	通道名称
1	副翼(Ailereon,AIL)
2	升降舵(Elevator,ELE)
3	油门(Throttle,THR)
4	方向舵(Rudder,RUD)

（2）发射机检查

检查电池安装是否正常，打开开关，观察指示灯状态，对照所使用的飞控板说明书确认状态是否正常。

（3）电机是否通电

卸下所有的桨叶（以免发生意外情况）。接通电调电源，随后飞行器的电机会有轻微的转动并发出"滴滴"声。在该步骤，只需要观察电机是否转动，即可知道电机是否正常通电。如果电机没有转动，则需要检查电路连接（必须断开电源后再检查），若正常则直接进入下一步，无须断开电源。

（4）匹配接收机

根据所使用的遥控器品牌，将发射机和接收机按照使用说明书进行匹配，在此过程中一定要注意将遥控器油门放在最低位置，完成后断开电源。

（5）校准油门行程与解锁

该过程与所使用的飞控有关，可以根据所使用的飞控的相关说明设置解锁方式等。

（6）检查并修改电机转动方向

先打开遥控器开关，检查遥控器模式是否选择正确，再接通四轴上的电源，等待发射机与接收机连接。发射机与接收机连接成功后，采取对应的解锁方式进行解锁。然后缓慢推动油门，电机就会慢慢开始转动，检查电机转动是否正常，调整电机转动方向。本书中电机转动方向如图 5 - 26 所示。

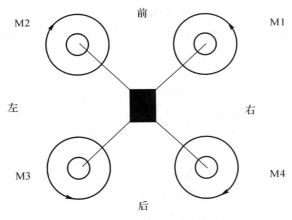

图 5 - 26　电机转动方向

螺旋桨转动时不仅会产生升力，还会产生扭矩，使得机身旋转。为了抵消桨叶转动产生的扭矩，需要对螺旋桨的转动方向作严格的规定，若发现某个电机转动方向相反，应拔掉任意两根电机与电调连线的橡胶头，并交换位置。

（7）安装螺旋桨

在确保上述过程无误后才能安装螺旋桨，不同的电机和桨片的安装方式可能会有所不同，该过程在断电情况下进行。需要注意的是，螺旋桨有正反之分，在飞行时电机带动桨片转动，桨片会与空气产生作用力，并获得反作用力，四旋翼无人机的四个桨片按照图 5 - 26 所示的方向转动，会使其产生向上的升力，从而使飞行器起飞。由于电机的转动方向不同，如果装错了桨片,会使得飞行器获得相反的力,不但不能使飞行器起飞,反而可能会对飞行器造成破坏,甚至伤到周边的人[29]。

2. 首飞测试

飞行器安装完成后,即使经过了严密的检查,也不能说明飞行器已经可以安全飞行了。在真实的飞行过程中,飞行器有可能显示出一些平常注意不到的问题[3]。飞行时长也会对电机、电调、焊接线路、电池和发射机提出相应的考验。

四旋翼无人机的真机飞行训练最好选择在无风晴朗的天气,对于初学者来说,较大的风会增加四旋翼无人机的操作难度,使得摔机风险升高。此外,操作者还需考虑电池续航能力,通常一块锂电池的续航能力在 10~20 min 之间,因此,必须在准备阶段结合飞行任务考虑需要携带的电池数量。

在四旋翼无人机起飞后,需要对初学者掌握的基本飞行进行操作测试,主要包括 4 项:油门测试、偏航测试、俯仰测试和滚转测试,分别对应四旋翼无人机遥控器的 4 个通道。以下详述 4 个通道的测试方法。

(1)油门测试

油门的大小直接决定了四旋翼无人机桨叶的旋转速度,即油门越大,转速越高、升力越大,高度上升;反之,油门越小,转速越低,升力越小,高度下降。当四旋翼无人机桨叶旋转所产生的升力大小与其自身重力(小型电动四旋翼飞行器的质量基本不变)相等时,四旋翼无人机将会出现定高(不考虑风的影响)。四旋翼无人机悬停是指其保持在一定高度稳定飞行,实现悬停的方法主要分为 3 步:①推动油门,使四旋翼无人机上升到一定高度;②轻轻拉下油门使其缓慢下降;③当其快到达指定高度时,缓慢推动油门使其保持在指定高度,如此反复,直到熟练掌握悬停技能。

(2)偏航测试

偏航测试是指通过改变四旋翼飞行器桨叶的转速来改变其航向(即机头朝向)。四旋翼飞行器桨叶转动产生的扭矩使其实现偏航,当四旋翼飞行器桨叶两侧的扭矩相等时,其航迹为一条直线。当其机身两侧扭矩不相等时,四旋翼飞行器会发生偏航,即左侧扭矩大于右侧扭矩时,会拉动机身向左偏航,反之向右偏航。

偏航测试时需要特别注意的是:当推动遥控器上的偏航摇杆时,四旋翼飞行器需要处于前行状态且稳定飞行,此时操作偏航摇杆能够实现左、右偏航,否则,偏航操作会使得四旋翼无人机在原地旋转。此外,为了确保偏航测试时不出现俯仰操作,需要保证四旋翼无人机对角线上的两对桨叶的转速比相同。

(3)俯仰测试

俯仰测试是通过操作遥控器的俯仰通道实现机头的抬升和下降。当四旋翼无人机后侧的两个桨叶转速大于前侧桨叶转速时,此时机头朝下,机尾朝上,可以实现前进飞行;反之,当四旋翼无人机后侧的两个桨叶转速小于前侧桨叶转速时,机头朝上,机尾朝下,可以实现后退飞行。需要注意的是,与偏航测试时一样,俯仰测试时也需保证对角线上的两对桨叶转速比一致。

在进行测试操作时,推动俯仰通道摇杆,向前推动摇杆,飞行器会向前飞,向后推动摇杆,飞行器会后退,反复进行几次实验,若有异常情况则应该进行调整,然后再次测试,直到完成测试内容。

（4）滚转测试

滚转测试与俯仰测试的原理完全一致,两者的区别在于:俯仰操作的实现基于机身前侧桨叶转速与机身后侧桨叶转速之间的大小,而滚转操作的实现基于机身左侧桨叶转速与机身右侧桨叶转速之间的大小。当左侧桨叶转速大于右侧桨叶转速时,机身会沿着顺时针方向向右滚转,反之会按照逆时针方向向左滚转。

滚转测试时需要特别注意的是:四旋翼无人机的滚转操作幅度不宜过大,时间不宜过长,否则可能增加摔机、丢机风险。

5.4.2　新手基础飞行练习

1. 起飞与降落练习

起飞和降落操作是四旋翼无人机开始执行飞行任务和安全返回的关键步骤,在军机/民机的飞行过程中,起飞与降落均是至关重要的。四旋翼无人机的操作相对来说比较简单,尽管如此,操作人员也需反复练习起飞和降落,以保证飞行器的安全。

四旋翼无人机起飞时,首先需要解锁飞控,然后缓慢推动油门直到飞行器起飞并达到一定高度(通常是离地 1 m)后,通过调整油门大小使其在指定高度附近小范围内徘徊,只有当油门在小范围内徘徊时才能保持指定高度,保障飞行安全。需要注意的是,四旋翼无人机在起飞阶段油门过大/过小,会使飞行器高度快速上升/下降,不利于飞行安全。

四旋翼无人机降落时,首先慢慢减缓油门大小使飞行器缓慢降落,直到其离地面高度约5～10 cm时,轻轻推动油门使其下降速度变慢,然后再次减小油门大小直至飞行器触地,最后将油门关闭并锁定飞控。与起飞过程相比,降落过程更为复杂,因此初学者在进行试飞时应反复进行练习,保证起飞和降落过程的平稳,以免因机身摆动过大而损坏桨叶。

2. 升降练习

通过简单的升降练习,不仅可以锻炼初学者对油门的控制,还可以让初学者学会飞行器的稳定飞行,在练习时应确保场地有足够的高度,最好在户外进行操作练习。

飞行器上升过程是飞行器螺旋桨转速增加的过程,这个过程主要的操纵杆是油门操纵杆。练习上升操作时,缓慢推动油门,此时飞行器会慢慢上升,油门推动越多(注意不要把油门推动到最高或接近最高),上升速度越大。在上升达到一定高度或者上升速度达到可控的限度时停止推动油门,这时会发现飞行器依然在上升,若想停止上升必须减小油门,同时注意不要减小得太猛,保持匀速即可,直至飞行器停止上升,这时会发现飞行器开始下降,则需要推动油门让飞行器保持一定的高度,反复几次操作后飞行器即可稳定。

下降过程同上升过程正好相反。下降时,螺旋桨的转速会降低,飞行器会因为缺乏升力开始降低高度。在开始练习下降操作前,应确保飞行器已经达到了足够高的高度,当飞行器已经稳定悬停时,缓慢拉下油门(注意不能将油门拉得太低),当飞行器出现较明显的下降时,停止拉下油门摇杆,这时飞行器会由于惯性继续下降。同时,注意不要让飞行器过于接近地面,在到达一定高度时开始推动油门迫使飞行器下降速度减慢,直至飞行器停止下降,这时飞行器会开始上升,则需要降低油门,以保持现有高度。经过反复几次操作后飞行器才会保持稳定。在这个过程中如果高度下降得太多,或者快要接近地面,但是飞行器还无法停止下降,则需要加快推动油门(操作者可以自行考量推动),同时要注意查看飞行器姿态,若过于偏斜,则不可加速推动油门,否则会有危险[30]。

3.俯仰练习

俯仰操作也是飞行的基本操作,俯仰操作用于飞行器的前行和后退,保证飞行器正确飞行。

四旋翼无人机基于俯仰操作向前飞行时,机身前侧的两个桨叶转速降低,机身后侧的两个桨叶转速升高,转速差越大,飞行器前进速度越快,反之转速差越小,飞行器前进速度越慢。出现上述情况的根本原因在于,机身前侧与后侧的桨叶转速差使得升力与水平面有夹角,通过对升力分解可知,其中一部分可以抵消机身重力,而另一部分力使机身向前飞行。此时,由于垂直方向的升力变小,飞行高度会降低,因此需要适当加大油门。相反地,当四旋翼无人机基于俯仰操作向后飞行时,机身前侧的两个桨叶转速升高,机身后侧的两个桨叶转速降低,转速差越大,飞行器后退速度越快,反之转速差越小,后退速度越慢。

对于初学者而言还需注意:确保飞行期间航线上没有障碍物,飞行高度要足够高(至少1 m),俯仰操作时前后两侧的转速差不要过大,以免飞行器"翻跟头",出现摔机的情况。

4.偏航练习

偏航练习即操纵飞行器绕中心轴旋转,分为左旋(逆时针旋转)和右旋(顺时针旋转),在进行偏航练习时,只需要将偏航通道摇杆分别向左、右两侧打即可,需要来回交替练习左偏航和右偏航,偏航练习结合前后运动,就可以实现飞行器的左右转弯运动。

5.滚转练习

这里所说的翻滚不是让飞行器真的翻滚,而是让飞行器有些许的倾斜,真正的翻滚是高级训练者练习的高级特技动作。准确地说,这里的翻滚练习是侧飞练习,即左右飞行。左侧翻滚练习需要将滚转通道遥杆向左侧拨动,当滚转通道轻微向左侧拨动时,飞行器左侧两个螺旋桨的转速会下降,这时会发现飞行器开始向左倾斜,同时向左侧飞行。飞出一定距离以后,将滚转通道摇杆回中,这样就完成了一次左侧滚转练习。同样,在练习时需要注意场地的选择,在飞行器活动范围内保证没有任何障碍物或行人等。右侧翻滚练习和左侧翻滚练习类似,只是将滚转通道遥杆向右侧拨动。将滚转通道遥杆打向右侧,少量即可,不可多打,飞行器右侧的螺旋桨会降低转速,机身会呈现右侧高度降低的状态,这样飞行器就开始向右侧飞行[30]。

5.4.3 日常飞行练习

初学者学会了基本操作后,还需要进行大量的其他操作练习,并做好日常飞行练习,这样既可以了解和熟悉飞行器的飞行方式,还能提高对飞行器操控的感觉。就如同骑自行车,虽然学会骑了,但仍需要进行大量练习,这样才能满足日常骑行的需要。

1.悬停练习

悬停是一项比较基本但较为复杂的操作,需要强调的是,悬停操作需要满足的要求有:使飞行器高度不变,保持飞行不会出现前移、后退以及左右摇摆。悬停操作是日常操作练习中最为复杂的一项。学会了悬停,就可以很好地进行飞行器的微调,所以在练习时要认真体验该操作,为其他操作夯实基础。

悬停操作看上去很简单,但在自行调整时会有些不准确(传感器灵敏度不够或是内嵌程序算法性能一般),即在油门固定且其他摇杆都不动的情况下,飞行器有可能会不停地乱飞。因此需要多练习悬停操作,做到能够预判飞行器的姿态。悬停的操作步骤也很简单,当飞行器达到一定高度时保持飞行,并以缓慢的速度尽量避免飞控系统受到风等外界环境干扰时偏移(其实多少都有变化,只要控制在一定程度即可)。

2. 直线飞行练习

直线飞行是一个相对简单的操作,理论上来说,只需要推动方向杆即可,但是实际情况没有这么简单。飞行器不会完全按照遥控器的操作来完成动作,所以这时需要调整遥控器的相应通道以保证飞行器沿直线飞行。不过需要注意,当俯仰摇杆推动或拉下的幅度过大时飞行器就有下降的趋势,甚至有时候在拉动幅度过大时直接冲向地面,所以在进行操作时要注意安全。

3. 曲线飞行练习

曲线飞行就是让飞行器沿着一条曲线进行基本飞行训练,可以沿"O"形或"8"形的路线飞行,这样的飞行方式不单单是为了好玩,而是为了练习自由操控飞行器与感受飞行器飞行。空中飞行有别于我们在地面上移动,我们是以第三人的视角进行操作的,所以需要反复练习操作方式并感受飞行器的飞行规律,达到一种姿态调整的肌肉反应。

基于四轴飞行器的特殊结构,飞行器曲线飞行中有两种方法。其中一种曲线飞行是通过不停地改变机头的朝向实现曲线飞行的,而另一种方式是利用侧向飞行来实现机头朝向不变的曲线飞行。所以在曲线飞行时还有第二种练习方式:先使用油门摇杆控制飞行器高度,并保持机头方向不变;使用副翼(滚转通道)杆控制飞行器的前进和侧向飞行,逐步控制即可完成机头方向不变的曲线飞行。掌握了前进时的曲线飞行,可以试着练习后退时的曲线飞行,不过需要注意,还不能熟练控制飞行器方向时最好不要练习曲线飞行,待能熟练控制飞行器飞行方向的时候再进行练习,否则会有一定的危险。

4. 爬升练习

爬升主要是在飞行器前行的基础上提高飞行器的高度,相对来说这个操作较为简单。在操作时,需要在向后推动俯仰通道摇杆使飞行器前进时,同时加大油门(油门大小视情况而定),这样飞行器就会沿斜坡的方向开始爬升。等到飞行器爬升到一定高度的时候,减小油门会停止爬升,接下来就可以进行下降练习。在练习爬升时需要注意,当开始推动俯仰通道摇杆的时候,飞行器前段下沉可能会失去必要的升力。下降练习与爬升向后练习相似,只不过这时需要降低高度,也就是减小油门。操作方式与爬升类似,向前推动俯仰通道摇杆,适当地拉下油门摇杆(有一点幅度即可,新手不宜过多),这时会看到飞行器开始降低高度。

在飞行时需要注意,下降的最低高度是距离地面一人高以上,因为在最后停止下降时会有新手无法控制的一个阶段,要给自己留一些控制余地,不要一降到底,以免毁坏飞行器[30]。

第6章　民用多旋翼无人机飞行安全

6.1　安　全　说　明

对于四轴飞行器而言,不管是大的还是小的,其在飞行过程中都有一定危险性。不同于玩具飞机,它具有一定的专业性和技术性,在飞行前需要对飞行器的管制和飞行安全进行了解,以保障自身安全、他人安全和社会安全。在使用无人机时,安全说明如下[29]。

1)用户必须遵守飞行器使用地点对管制飞行器使用所拟定的法律法规。

2)必须与其他任何物体保持 5 m 以上的安全距离。

3)必须与人群及动物保持 10 m 以上的安全距离。

4)起飞前确保螺旋桨正确安装。如果螺旋桨安装不够坚固,即便不会松脱,搭载负荷时也有可能碰触到飞行器外壳。这会导致耗能大大增加,从而极大缩短飞行时间。

5)起飞时电池必须满电,切勿使用温度较低的电池。飞行器使用的锂聚合物电池虽然高效,但对温度很敏感。低温状态下,电池电压可能会突然下降,导致飞行器由于电量不足而失控。

6)起飞前注意当地的风况,飞行器在风速大于 12 m/s 时不能使用。对于新手来说,4~5 m/s 风速下的操作也可能比较困难。

7)计算飞行时间时,必须把返航及降落所需的时间也包括在内。在飞行器飞至很高的地方电量紧急再降落时,由于此时电池电量几乎已经耗尽,飞行器可能没有足够的电量来防止坠机,此时的降落过程是非常危险的。

8)飞行中手持遥控器的发射天线必须要完全展开,否则飞出一段很短的距离后,飞行器可能会突然失去遥控信号而产生严重后果,同时还须确保接收天线正确安装在飞行器的相应位置上。

9)切勿在飞机场附近飞行,避免在军事区域或其他大功率发射机附近飞行,这些地点的电磁环境会对飞行器遥控信号产生干扰,中断对飞行器的控制,甚至可能使应急程序失效。因此,飞行地点必须与飞机场保持至少 5 km 的距离。

10)切勿在高压线、变电站以及发电厂附近飞行。

11)切勿在人群上方飞行,如果飞行器发生意外坠机时可能会对人员生命安全造成威胁。

12)在飞行器飞行过程中、降落时或停在地上而电机尚在运转时,切勿碰触。

13)在使用 GPS 规划航点飞行时,必须考虑到 GPS 精度,因为在不同地点精度可能不同。如果要靠近障碍物飞行,必须要预留一个安全缓冲区。

6.2　四旋翼飞行器使用法令法规说明

不管是固定翼航模飞机还是旋翼飞行器,在使用过程中用户需担负全部责任,必须确保已做好登记并严格遵守当地相关法律规定。

特别注意核实所使用的设备不会触犯法律,由于各地对飞行许可的管制条例不同,如在最大飞行高度、责任保险等方面的限制,因此用户必须自己查清并遵守飞行地点对飞行器使用的相关条例和规定[29]。

空域是各类飞行器实现空中交通的物理空间,同时也是航空业发展的前提和基础。空域是一种物理空间,是为了实现航空器飞行的空中交通空间[31]。无人机的空域是无人机运行的空间。目前无人机的运行高度空间规划为 0~1 000 m。水平空间根据需要划分为管制空域、报告空域、监视空域、目视飞行航线、融合空域和隔离空域六类。

1)管制空域是指重点目标外围 5 km 区域、以民航机场跑道中心点为中心的跑道两头各 25 km 区域和跑道两侧各 10 km 的区域。在该区域内,无人机需获得批准并持有执照方可允许运行。

2)报告空域是指通用机场和临时起降点 10 km 区域,且不得划设在空中禁区边缘外 20 km 范围内和全国重点目标外缘 10 km 范围内,无人机运行必须确保飞行计划已报备,驾驶员须持照运行。

3)监视空域是指位于管制空域和报告空域之外的空域。

4)目视飞行航线是指航空器处于驾驶员目视视距半径 500 m,相对高度低于 120 m 的范围。

5)融合空域是指有其他航空器同时运行的空域。

6)隔离空域是指专门分配给无人机运行的空域,通过限制其他航空器的进入以规避碰撞风险[32]。

6.3　航空空域划分

6.3.1　空域划分的目的

进行无人机空域划分的目的是规范无人机的秩序,保证空域的合理使用,保证无人机及其他航空器的运行安全。

空域划分是在可接受的安全范围内,为在此空域内运行的无人机提供最大限度的灵活性、机动性和最大安全间隔,并对其实施主动管制。

目前,由于无人机在可靠性、防撞规避、自主飞行、敌我识别等方面的能力还远达不到有人航空器的适航性要求,因此无人机不适宜进入民航空域飞行,使用民航空域申请困难,协调时间长,手续复杂。当前无人机空域的申请与使用遵循《民用无人机空中交通管理办法》《低空空域使用管理规定》《轻小无人机运行规定(试行)》等规定办法,以确保无人机可以申请自己的运行空域来训练和运营。

6.3.2 空域划设原则

我国无人机运行空域的划设在空间上遵循"主导高空、控制中空、放开低空"的原则,即主导远程战略、高空高速、高空长航时和无人作战飞机空域的划设;控制中空、中程科研、探测和体育运动等空域;逐步开放低空、低速和民用无人机空域;在管理上坚持标准化、程序化、规范化的原则。为了更好地完成任务,一些军用无人机需要在空中进行持续长航时飞行,其飞行范围可能超出受限制的军用空域,需要在民用空域内飞行。

民用无人机空域划分是航空管制工作中空域管理的重要内容,是一项复杂的系统工程,涉及面广、政策性强,需要建立一套完整和科学的管理方法。

1.空域划设规范化

空域划设规范化是指空域划设需要依据颁布的法规、条令、条例或命令,按照规定要求对空域进行划设,并依规对无人机的运行空域实施管理。

空域划设要依据相关法规进行规范。航空法规是规范航空及航空管制人员行为的准则。法规的建立与健全是空域管理的重要保障[33]。《中华人民共和国飞行基本规则》《中国民用航空空中交通管理规则》《低空空域使用管理规定》、中国人民解放军空军《飞行管制工作条例》、各军区空军《飞行管制区飞行管理细则》以及上级有关空域管理规定的具体文件,都是无人机空域划设的依据。

2.空域划设程序化

空域划设程序化是指划设无人机空域时所需开展的工作,诸如空域申请、立项调查、审查批准、对外公布以及空域的更改、撤销等各个环节都有严格的依据、判定的标准和规范的程序[33]。

空域划分要按照一定的程序进行,对无人机各类飞行空域的划设、审查、批准、备案等都有严格的程序与规范,空域申请、审核、批复和划分的程序化,能够有效提高空域使用效率,缩短整个流程所需的时间,为民用领域的大范围应用奠定基础。

3.空域划设标准化

空域划设标准化是指对无人机空域划分的基数文件及其孵化、代号等加以统一规定并予以实施的一项技术措施,它可以使空域管理更加科学、规范和严密。

空域划设标准可以快速对使用空域的性质做出判断,为申请空域进行快速受理、快速答复和高效率利用打下基础,同时可以促进空域知识点的大众化普及。

6.3.3 划分与管理的要求

1.划分部门

空域划分是由军航、民航航空管制部门按照飞行管制区域进行的,他们依据空域管理的政策和法规、空域管理的程序和分工,负责无人机空域的设置、调整和协调等管理工作,并对管辖区域内的无人机运行空域进行直接或间接的控制。

2.划分要求

民用无人机空域划分本着空域资源利用最大化,为经济建设增添活力的目的,划分要求如下：

（1）统一规划

对无人机空域的规划按照国家规定的有关权限，协调无人机的空域需求，统一规划，有序实施。

（2）军民兼顾

严格执行《中华人民共和国飞行基本规则》和有关的空域管理规定，维护国家领空安全，合理划设和使用无人机空域，优化空域结构，改善航空器空中运行环境，兼顾军航、民航飞行的需要。

（3）分级管理

对于无人机空域，按照规定的权限审核与批准，对管辖区内的空域实行直接或间接的控制，对违反空域运行使用规定者，要查明情况，依法处理。

（4）配套建设

对无人机飞行空域，可根据无人机的性能情况，建设相应的适航设备，使无人机的飞行发挥最大的经济效益和军事效益。

6.3.4　空域划设内容

无人机空域是指专门分配给无人机运行的空域。

无人机空域划设包括水平范围，高度，飞入、飞出空域的方法，使用空域的时间，飞行活动的性质等。

无人机空域通常划分为隔离空域和临时隔离空域。隔离空域通常划设在航路、航线附近的无人机基地、试验场、常用训练场的上空以及其他区域上空可以根据需要划设临时隔离空域。在规定时间内未经航空管制部门许可，航空器不得擅自进入无人机隔离空域或临时隔离空域。

无人机隔离空域或临时空域与航路、航线的间隔以及与其他飞行空域的间隔标准，可以按照空中限制区的间隔标准执行。

6.3.5　空域的分类

我国空域分为 A、B、C、D 四类，见表 6-1。A 类空域称为高空管制空域，在我国境内 6 600 m 高度（含）以上的空间被划分为多个高空管制空域，该空域内的地域范围称为高空管制区，我国高空管制区目前有 27 个。B 类空域称为中低空管制区域，在我国境内 6 600 m 高度（不含）以下的空间被划分为中低空管制空域，该区域内的地域范围称为中低空管制区，由中低空区域管制室负责管理。我们将接近管制的区域称为 C 类空域，该空域指的是在我国境内 6 000 m 及以上部分的区域空间，一般建立范围是在一个或多个机场的周围航路的汇合点，水平范围一般在以机场基准点为中心，半径50 km的空间。D 类空域称为塔台管制空域，在我国，第一等待高度层（含）以下的机场机动区被划分为塔台管制空域，该空域内的空中交通管理服务由塔台管制室负责。在国外发达国家的规定中，将空域划分为 A、B、C、D、E、F、G 七个类型，从 A～G，对飞行的管束和限制逐渐放松[32]。

表 6 - 1   我国空域的分类[32]

空域类别	最低高度	最高高度	飞行类别	适合的航空器
A	6 600 m(含)	巡航高度层	仪表飞行	所有航空器
B	最低飞行高度层	6 600 m(不含)	目视飞行	所有航空器
C	最低飞行高度层	6 600 m(含)	目视飞行	所有航空器
D	地面	第一等待高度层	仪表飞行	所有航空器

6.3.6 我国空域管理

空域管理就是按照国际民航和各个国家自身的法律法规等,对空域资源进行设计、管理和规划的过程。实行空域管理,应在保证国家安全的基础上,兼顾军用和民用航空的需求,提高空域的利用效率。在我国,实行空域管理的首要任务是依照国家法律法规的规定,逐渐优化和改善空域环境与结构,尽可能地满足不同层面的用户对于空域的使用需求[32]。

我国对于航空空域进行管理的法规包括《中华人民共和国飞行基本规则》《中华人民共和国民用航空法》《通用航空飞行管理条例》等等,同时还有国家空管委所颁布的一些配套的条例规定,如《飞行间隔规定》《空中交通管制联络员管理规定》《加强军民航空中交通管制防相撞工作的措施》等等。

目前,我国空域管理整体呈现"A"字形的组织架构,在管制的最顶点是空管委,另外是民航和军航,军航包括空军和海军;民航和军航彼此间是协调关系,并成立了以军航和民航为主体的空管协调委员会。

1.军用航空四级管理制度

空域管理统一由空军所负责,军区空军主要负责所管辖地区的空域飞行管制区,而空域管理分区工作主要由师级航空单位负责,机场管制区由驻场在机场的航空单位负责。按照作战责任区的划分,将空域划分为 7 个飞行管制区、37 个分区和 240 个机场管制区。

2.民用航空三级管理制度

2016 年,民航总局完成了对民航空域管理体制的改革,建立了民航局—地方民航局—空管分局的三级管理体系。在该体系架构中,民航空域管理细分为飞行情报区、高空管制区和中低空管制区。

2016 年 4 月之后,空管委将高空管制区的划分调整为北京、上海、沈阳、广州、昆明、成都、乌鲁木齐、三亚和兰州 9 个。在高空空域管制区减少的同时,中低空管理区(无人机主要飞行空域)扩展到了 25 个之多,体现了近年来我国对无人机飞行空域的重视。

3.地区空管协调委员会

该委员会的主要职责是:掌握管辖地区航空部门日常飞行计划和飞行活动情况,监督其按照空管局的规定开展飞行活动;掌握管辖地区的空域情况,对空管工作进行定期分析,并在各个航空单位飞行活动出现矛盾时及时协调和解决;协调民用航空和军事航空的飞行活动;定期检查管辖空域中资源使用情况、空中交通管理情况等,并对现有的管理制度和计划进行优化,提高空域资源的使用效率;将管理空域中所发生的重要情况及时上报给国务院中央军委空中交通管制委员会[31]。

6.3.7　无人机空域规划管理

无人机空域规划和对不同飞行空域的运行需求,应当根据无人机训练大纲和运行条例的规定和飞行任务的需要,兼顾航路航线的范围和走向、机场区域的范围、野外地形、无人机部队的机型、操纵人员技术水平、通信距离、航空管制能力、机场分布情况和环境保护等因素。

无人机空域规划管理包括飞行航线规划、进出空域方法和飞行程序的确定。

飞行航线规划是指确定从起飞点到目标点满足无人机预定性能指标最优的飞行航线。无人机飞行航线的规划在考虑无人机的任务区域、确定的地形信息以及威胁源分布的状况和无人机的性能参数等限制条件的同时,还要考虑雷达发现的最小概率、覆盖程度,以满足无人机的最小转弯半径、飞行高度和飞行速度等性能条件。无人机飞行航线通常设置为往返飞行航线和多边飞行航线。

进出空域方法和飞行程序的确定是指无人机进入和离开空域时应遵循的方法。进出空域飞行程序的确定,除了受机场(起降点)净空、空中航路航线的限制之外,还要受周边军航、民航使用空域的影响。机场(起降点)作为无人机飞行的起点和终点,其上空通常是航空器运行最密集的区域,航空器在这一区域中相撞的概率是最高的,因此,防相撞是无人机航空管制运行管理和空域需求划设的重点与难点。

民用无人机空域规划管理是在满足军用无人机和民航使用空域的情况下,合理规划民用无人机运行空域,以促进民用无人机产业的发展。

附　　录

附录 1　通用航空飞行管制条例

第一章　总则

第一条　为了促进通用航空事业的发展,规范通用航空飞行活动,保证飞行安全,根据《中华人民共和国民用航空法》和《中华人民共和国飞行基本规则》,制定本条例。

第二条　在中华人民共和国境内从事通用航空飞行活动,必须遵守本条例。

在中华人民共和国境内从事升放无人驾驶自由气球和系留气球活动,适用本条例的有关规定。

第三条　本条例所称通用航空,是指除军事、警务、海关缉私飞行和公共航空运输飞行以外的航空活动,包括从事工业、农业、林业、渔业、矿业、建筑业的作业飞行和医疗卫生、抢险救灾、气象探测、海洋监测、科学实验、遥感测绘、教育训练、文化体育、旅游观光等方面的飞行活动。

第四条　从事通用航空飞行活动的单位、个人,必须按照《中华人民共和国民用航空法》的规定取得从事通用航空活动的资格,并遵守国家有关法律、行政法规的规定。

第五条　飞行管制部门按照职责分工,负责对通用航空飞行活动实施管理,提供空中交通管制服务。相关飞行保障单位应当积极协调配合,做好有关服务保障工作,为通用航空飞行活动创造便利条件。

第二章　飞行空域的划设与使用

第六条　从事通用航空飞行活动的单位、个人使用机场飞行空域、航路、航线,应当按照国家有关规定向飞行管制部门提出申请,经批准后方可实施。

第七条　从事通用航空飞行活动的单位、个人,根据飞行活动要求,需要划设临时飞行空域的,应当向有关飞行管制部门提出划设临时飞行空域的申请。

划设临时飞行空域的申请应当包括下列内容:

(一)临时飞行空域的水平范围、高度;

(二)飞入和飞出临时飞行空域的方法;

（三）使用临时飞行空域的时间；

（四）飞行活动性质；

（五）其他有关事项。

第八条　划设临时飞行空域，按照下列规定的权限批准：

（一）在机场区域内划设的，由负责该机场飞行管制的部门批准；

（二）超出机场区域在飞行管制分区内划设的，由负责该分区飞行管制的部门批准；

（三）超出飞行管制分区在飞行管制区内划设的，由负责该管制区飞行管制的部门批准；

（四）在飞行管制区间划设的，由中国人民解放军空军批准。

批准划设临时飞行空域的部门应当将划设的临时飞行空域报上一级飞行管制部门备案，并通报有关单位。

第九条　划设临时飞行空域的申请，应当在拟使用临时飞行空域 7 个工作日前向有关飞行管制部门提出；负责批准该临时飞行空域的飞行管制部门应当在拟使用临时飞行空域 3 个工作日前作出批准或者不予批准的决定，并通知申请人。

第十条　临时飞行空域的使用期限应当根据通用航空飞行的性质和需要确定，通常不得超过 12 个月。

因飞行任务的要求，需要延长临时飞行空域使用期限的，应当报经批准该临时飞行空域的飞行管制部门同意。

通用航空飞行任务完成后，从事通用航空飞行活动的单位、个人应当及时报告有关飞行管制部门，其申请划设的临时飞行空域即行撤销。

第十一条　已划设的临时飞行空域，从事通用航空飞行活动的其他单位、个人因飞行需要，经批准划设该临时飞行空域的飞行管制部门同意，也可以使用。

第三章　飞行活动的管理

第十二条　从事通用航空飞行活动的单位、个人实施飞行前，应当向当地飞行管制部门提出飞行计划申请，按照批准权限，经批准后方可实施。

第十三条　飞行计划申请应当包括下列内容：

（一）飞行单位；

（二）飞行任务性质；

（三）机长（飞行员）姓名、代号（呼号）和空勤组人数；

（四）航空器型别和架数；

（五）通信联络方法和二次雷达应答机代码；

（六）起飞、降落机场和备降场；

（七）预计飞行开始、结束时间；

（八）飞行气象条件；

（九）航线、飞行高度和飞行范围；

（十）其他特殊保障需求。

第十四条　从事通用航空飞行活动的单位、个人有下列情形之一的,必须在提出飞行计划申请时,提交有效的任务批准文件:

(一)飞出或者飞入我国领空的(公务飞行除外);

(二)进入空中禁区或者国(边)界线至我方一侧10公里之间地带上空飞行的;

(三)在我国境内进行航空物探或者航空摄影活动的;

(四)超出领海(海岸)线飞行的;

(五)外国航空器或者外国人使用我国航空器在我国境内进行通用航空飞行活动的。

第十五条　使用机场飞行空域、航路、航线进行通用航空飞行活动,其飞行计划申请由当地飞行管制部门批准或者由当地飞行管制部门报经上级飞行管制部门批准。

使用临时飞行空域、临时航线进行通用航空飞行活动,其飞行计划申请按照下列规定的权限批准:

(一)在机场区域内的,由负责该机场飞行管制的部门批准;

(二)超出机场区域在飞行管制分区内的,由负责该分区飞行管制的部门批准;

(三)超出飞行管制分区在飞行管制区内的,由负责该区域飞行管制的部门批准;

(四)超出飞行管制区的,由中国人民解放军空军批准。

第十六条　飞行计划申请应当在拟飞行前1天15时前提出;飞行管制部门应当在拟飞行前1天21时前作出批准或者不予批准的决定,并通知申请人。

执行紧急救护、抢险救灾、人工影响天气或者其他紧急任务的,可以提出临时飞行计划申请。临时飞行计划申请最迟应当在拟飞行1小时前提出;飞行管制部门应当在拟起飞时刻15分钟前作出批准或者不予批准的决定,并通知申请人。

第十七条　在划设的临时飞行空域内实施通用航空飞行活动的,可以在申请划设临时飞行空域时一并提出15天以内的短期飞行计划申请,不再逐日申请;但是每日飞行开始前和结束后,应当及时报告飞行管制部门。

第十八条　使用临时航线转场飞行的,其飞行计划申请应当在拟飞行2天前向当地飞行管制部门提出;飞行管制部门应当在拟飞行前1天18时前作出批准或者不予批准的决定,并通知申请人,同时按照规定通报有关单位。

第十九条　飞行管制部门对违反飞行管制规定的航空器,可以根据情况责令改正或者停止其飞行。

第四章　飞行保障

第二十条　通信、导航、雷达、气象、航行情报和其他飞行保障部门应当认真履行职责,密切协同,统筹兼顾,合理安排,提高飞行空域和时间的利用率,保障通用航空飞行顺利实施。

第二十一条　通信、导航、雷达、气象、航行情报和其他飞行保障部门对于紧急救护、抢险救灾、人工影响天气等突发性任务的飞行,应当优先安排。

第二十二条　从事通用航空飞行活动的单位、个人组织各类飞行活动,应当制定安全保障措施,严格按照批准的飞行计划组织实施,并按照要求报告飞行动态。

第二十三条　从事通用航空飞行活动的单位、个人,应当与有关飞行管制部门建立可靠的通信联络。

在划设的临时飞行空域内从事通用航空飞行活动时,应当保持空地联络畅通。

第二十四条　在临时飞行空域内进行通用航空飞行活动,通常由从事通用航空飞行活动的单位、个人负责组织实施,并对其安全负责。

第二十五条　飞行管制部门应当按照职责分工或者协议,为通用航空飞行活动提供空中交通管制服务。

第二十六条　从事通用航空飞行活动需要使用军用机场的,应当将使用军用机场的申请和飞行计划申请一并向有关部队司令机关提出,由有关部队司令机关作出批准或者不予批准的决定,并通知申请人。

第二十七条　从事通用航空飞行活动的航空器转场飞行,需要使用军用或者民用机场的,由该机场管理机构按照规定或者协议提供保障;使用军民合用机场的,由从事通用航空飞行活动的单位、个人与机场有关部门协商确定保障事宜。

第二十八条　在临时机场或者起降点飞行的组织指挥,通常由从事通用航空飞行活动的单位、个人负责。

第二十九条　从事通用航空飞行活动的民用航空器能否起飞、着陆和飞行,由机长(飞行员)根据适航标准和气象条件等最终确定,并对此决定负责。

第三十条　通用航空飞行保障收费标准,按照国家有关国内机场收费标准执行。

第五章　升放和系留气球的规定

第三十一条　升放无人驾驶自由气球或者系留气球,不得影响飞行安全。

本条例所称无人驾驶自由气球,是指无动力驱动、无人操纵、轻于空气、总质量大于 4 千克自由飘移的充气物体。

本条例所称系留气球,是指系留于地面物体上、直径大于 1.8 米或者体积容量大于 3.2 立方米、轻于空气的充气物体。

第三十二条　无人驾驶自由气球和系留气球的分类、识别标志和升放条件等,应当符合国家有关规定。

第三十三条　进行升放无人驾驶自由气球或者系留气球活动,必须经设区的市级以上气象主管机构会同有关部门批准。具体办法由国务院气象主管机构制定。

第三十四条　升放无人驾驶自由气球,应当在拟升放 2 天前持本条例第三十三条规定的批准文件向当地飞行管制部门提出升放申请;飞行管制部门应当在拟升放 1 天前作出批准或者不予批准的决定,并通知申请人。

第三十五条　升放无人驾驶自由气球的申请,通常应当包括下列内容:

(一)升放的单位、个人和联系方法;

(二)气球的类型、数量、用途和识别标志;

(三)升放地点和计划回收区;

（四）预计升放和回收（结束）的时间；

（五）预计飘移方向、上升的速度和最大高度。

第三十六条 升放无人驾驶自由气球，应当按照批准的申请升放，并及时向有关飞行管制部门报告升放动态；取消升放时，应当及时报告有关飞行管制部门。

第三十七条 升放系留气球，应当确保系留牢固，不得擅自释放。

系留气球升放的高度不得高于地面 150 米，但是低于距其水平距离 50 米范围内建筑物顶部的除外。

系留气球升放的高度超过地面 50 米的，必须加装快速放气装置，并设置识别标志。

第三十八条 升放的无人驾驶自由气球或者系留气球中发生下列可能危及飞行安全的情况时，升放单位、个人应当及时报告有关飞行管制部门和当地气象主管机构：

（一）无人驾驶自由气球非正常运行的；

（二）系留气球意外脱离系留的；

（三）其他可能影响飞行安全的异常情况。

加装快速放气装置的系留气球意外脱离系留时，升放系留气球的单位、个人应当在保证地面人员、财产安全的条件下，快速启动放气装置。

第三十九条 禁止在依法划设的机场范围内和机场净空保护区域内升放无人驾驶自由气球或者系留气球，但是国家另有规定的除外。

第六章 法律责任

第四十条 违反本条例规定，《中华人民共和国民用航空法》、《中华人民共和国飞行基本规则》及有关行政法规对其处罚有规定的，从其规定；没有规定的，适用本章规定。

第四十一条 从事通用航空飞行活动的单位、个人违反本条例规定，有下列情形之一的，由有关部门按照职责分工责令改正，给予警告；情节严重的，处 2 万元以上 10 万元以下罚款，并可给予责令停飞 1 个月至 3 个月、暂扣直至吊销经营许可证、飞行执照的处罚；造成重大事故或者严重后果的，依照刑法关于重大飞行事故罪或者其他罪的规定，依法追究刑事责任：

（一）未经批准擅自飞行的；

（二）未按批准的飞行计划飞行的；

（三）不及时报告或者漏报飞行动态的；

（四）未经批准飞入空中限制区、空中危险区的。

第四十二条 违反本条例规定，未经批准飞入空中禁区的，由有关部门按照国家有关规定处置。

第四十三条 违反本条例规定，升放无人驾驶自由气球或者系留气球，有下列情形之一的，由气象主管机构或者有关部门按照职责分工责令改正，给予警告；情节严重的，处 1 万元以上 5 万元以下罚款；造成重大事故或者严重后果的，依照刑法关于重大责任事故罪或者其他罪的规定，依法追究刑事责任：

（一）未经批准擅自升放的；

（二）未按照批准的申请升放的；

（三）未按照规定设置识别标志的；

（四）未及时报告升放动态或者系留气球意外脱离时未按照规定及时报告的；

（五）在规定的禁止区域内升放的。

第四十四条　按照本条例实施的罚款，应当全额上缴财政。

第七章　附则

第四十五条　本条例自 2003 年 5 月 1 日起施行。

附录 2　外国民用航空器飞行管理规则

第一条　外国民用航空器飞入或者飞出中华人民共和国国界和在中华人民共和国境内飞行或者停留时，必须遵守本规则。

第二条　外国民用航空器只有根据中华人民共和国政府同该国政府签订的航空运输协定或者其他有关文件，或者通过外交途径向中华人民共和国政府申请，在得到答复接受后，才准飞入或者飞出中华人民共和国国界和在中华人民共和国境内飞行。

第三条　外国民用航空器及其空勤组成员和乘客，在中华人民共和国境内飞行或者停留时，必须遵守中华人民共和国的法律和有关入境、出境、过境的法令规章。

第四条　外国民用航空器飞入或者飞出中华人民共和国国界和在中华人民共和国境内飞行，必须服从中国民用航空总局各有关的空中交通管制部门的管制，并且遵守有关飞行的各项规章。

第五条　外国民用航空器根据中华人民共和国政府同该国政府签订的航空运输协定，可以在中华人民共和国境内按照协定中规定的航线进行定期航班飞行和加班飞行。

定期航班飞行，应当按照班期时刻表进行。班期时刻表必须由同中华人民共和国政府签订协定的对方政府指定的航空运输企业，预先提交中国民用航空总局，并且征得同意。

加班飞行，由同中华人民共和国政府签订协定的对方政府指定的航空运输企业，最迟要在预计飞行开始前五天或者按照协定所规定的时间，向中国民用航空总局提出，获得许可后，才能进行。

第六条　外国民用航空器在中华人民共和国境内进行定期航班飞行和加班飞行以外的一切不定期飞行，必须预先提出申请，在得到答复接受后，才能进行。

不定期飞行的申请，最迟要在预计飞行开始前十天通过外交途径提出。如果双边航空运输协定中另有规定的，依照规定。

第七条　不定期飞行的申请，应当包括下列内容：

（一）航空器登记的国籍，航空器的所有人和经营人；

（二）飞行的目的；

（三）航空器的型别、最大起飞重量和最大着陆重量；

（四）航空器的识别标志（包括国籍标志和登记标志）；

(五)航空器的无线电通话和通报的呼号;

(六)航空器上无线电台使用的频率范围;

(七)空勤组成员的姓名、职务和国籍,航空器上乘客的人数和货物的重量;

(八)允许空勤组飞行的气象最低条件;

(九)预计由起点机场至目的地机场的飞行航线、飞行日期和时刻,以及在中华人民共和国境内飞行的航路;

(十)其他事项。

第八条　外国民用航空器在中华人民共和国境内进行不定期飞行时,由中国民用航空总局指派飞行人员(包括领航员和无线电通信员)随机引导,如果许可中有特别规定的,依照规定。

第九条　在中华人民共和国境内飞行的外国民用航空器,必须具有国籍标志和登记标志。没有国籍标志和登记标志的外国民用航空器,禁止在中华人民共和国境内飞行。

第十条　在中华人民共和国境内飞行的外国民用航空器,应当具有下列文件:

(一)航空器登记证;

(二)航空器适航证;

(三)空勤组每一成员的专业执照或者证件;

(四)航空器的航行记录簿;

(五)航空器上无线电台使用许可证;

(六)总申报单;

(七)航空器如载运乘客,应当携带注明乘客姓名及其登机地与目的地的清单;

(八)航空器如载运货物,应当携带货物仓单。

第十一条　外国民用航空器飞入或者飞出中华人民共和国国界,必须从规定的空中走廊或者进出口通过。禁止偏离空中走廊或者进出口。

第十二条　外国民用航空器飞入或者飞出中华人民共和国国界前二十至十五分钟,其空勤组必须向中国民用航空总局有关的空中交通管制部门报告:航空器的呼号,预计飞入或者飞出国界的时间和飞行的高度,并且取得飞入或者飞出国界的许可。没有得到许可,不得飞入或者飞出国界。

第十三条　外国民用航空器飞越中华人民共和国国界和中华人民共和国境内规定的位置报告点,应当立即向中国民用航空总局有关的空中交通管制部门作位置报告。位置报告的内容:

(一)航空器呼号;

(二)位置;

(三)时间;

(四)飞行高度或者飞行高度层;

(五)预计飞越下一位置的时间或者预计到达降落机场的时间;

(六)空中交通管制部门要求的或者空勤组认为需要报告的其他事项。

第十四条　外国民用航空器飞入或者飞出中华人民共和国国界后,如果因为天气变坏、航空器发生故障或者其他特殊原因不能继续飞行,允许其从原航路及空中走廊或者进出口返航。此时,空勤组应当向中国民用航空总局有关的空中交通管制部门报告:航空器呼号,被迫返航的原因,开始返航的时间,飞行的高度,以及返航后预定降落的机场。在中华人民共和国境内,如果没有接到中国民用航空总局有关的空中交通管制部门的指示,通常应当在原高度层的下一反航向的高度层上返航;如果该高度层低于飞行的安全高度,则应当在原高度层的上一反航向的高度层上返航。

第十五条　外国民用航空器在没有同中国民用航空总局有关的空中交通管制部门沟通无线电联络以前,禁止飞入或者飞出中华人民共和国国界和在中华人民共和国境内飞行。

第十六条　外国民用航空器在中华人民共和国境内飞行,如果与中国民用航空总局有关的空中交通管制部门的航空电台通信联络中断时,其空勤组应当设法与其他航空电台或者空中其他航空器沟通联络,传递飞行情报。如果仍然无法恢复联络,则该航空器应当按照下列规定飞行:

在目视气象条件下,应当继续保持在目视气象条件下飞行,飞往就近的机场(指起飞机场、预定的降落机场和中国民用航空总局事先指定的备降机场)降落。降落时,应当按照本规则附件一《辅助指挥、联络的符号和信号》的规定进行。

在仪表气象条件下或者在天气条件不允许在目视气象条件下飞往就近的机场降落时,应当严格按照现行飞行计划飞往预定的降落机场的导航台上空;根据现行飞行计划中预计到达时间开始下降,并且按照该导航设备的正常仪表进近程序,在预计到达时间之后三十分钟以内着陆。

失去通信联络的航空器,如果无线电发信机工作正常,应当盲目发送机长对于继续飞行的意图和飞行情况,随后,在预定时刻或者位置报告点盲目发送报告;如果无线电收信机工作正常,应当不间断地守听地面航空电台有关飞行的指示。

第十七条　中华人民共和国境内航空器飞行的目视气象条件:能见度不少于八公里,航空器距离云的垂直距离不少于三百米,航空器距离云的水平距离不少于一千五百米。

第十八条　飞行的安全高度是保证航空器不致与地面障碍物相撞的最低的飞行高度。

中华人民共和国境内航线飞行的安全高度,在高原、山岳地带应当高出航线两侧各二十五公里以内最高标高六百米;在高原、山岳以外的其他地带应当高出航线两侧各二十五公里以内最高标高四百米。

第十九条　外国民用航空器在中华人民共和国境内飞行,必须在规定的飞行高度或者高度层上进行。

中华人民共和国境内飞行的高度层,按照下列办法划分:真航线角在 0 度至 179 度范围内,高度由 600 米至 6 000 米,每隔 600 米为一个高度层;高度在 6 000 米以上,每隔 2 000 米为一个高度层。真航线角在 180 度至 359 度范围内,高度由 900 米至 5 700 米,每隔 600 米为一个高度层;高度在 7 000 米以上,每隔 2 000 米为一个高度层。

飞行高度层应当根据特定气压七百六十毫米水银柱为基准的等压面计算。真航线角应当从航线起点和转弯点量取。

第二十条　外国民用航空器在中华人民共和国境内每次飞行的高度或者高度层,由中国民用航空总局有关的空中交通管制部门指定。

外国民用航空器在飞行中,无论气象条件如何,如果需要改变飞行高度或者高度层,必须经过中国民用航空总局有关的空中交通管制部门的许可。

第二十一条　外国民用航空器在中华人民共和国境内必须沿规定的航路飞行。禁止偏离航路。

中华人民共和国境内航路的宽度最大为二十公里,最小为八公里。

第二十二条　在中华人民共和国境内飞行的外国民用航空器,其空勤组如果不能判定航空器的位置时,应当立即报告中国民用航空总局有关的空中交通管制部门。

外国民用航空器在飞行中如果偏离规定的航路,中国民用航空总局有关的空中交通管制部门,在可能范围内帮助其回到原航路,但对该航空器由于偏离航路飞行所产生的一切后果,不负任何责任。

第二十三条　目视飞行时航空器相遇,应当按照下列规定避让:

(一)两航空器在同一个高度上对头相遇,应当各自向右避让,相互间保持五百米以上的间隔;

(二)两航空器在同一个高度上交叉相遇,飞行员从坐舱左侧看到另一架航空器时应当下降高度,从坐舱右侧看到另一架航空器时应当上升高度;

(三)在同一个高度上超越前面航空器,应当从前面航空器右侧保持五百米以上的间隔进行;

(四)单独航空器应当主动避让编队或者拖曳物体的航空器,有动力装置的航空器应当主动避让无动力装置的航空器。

第二十四条　外国民用航空器在中华人民共和国境内飞行时,应当按照中国民用航空总局规定的无线电通信的方式和无线电频率,同中国民用航空总局有关的空中交通管制部门保持不间断地守听,以便及时地进行通信联络。

进行地空无线电联络,应当遵守下列规定:

(一)通报时使用国际 Q 简语;通话时使用汉语,或者使用中华人民共和国政府同意的其他语言。

(二)地理名称使用汉语现用名称或者用地名代码、地名代号、无线电导航设备识别讯号和经纬度表示。

(三)计量单位:距离以米或者公里计;飞行高度、标高、离地高度以米计;水平速度、空中风速以公里/小时计;垂直速度、地面风速以米/秒计;风向以度计(真向);能见度以公里或者米计;高度表拨正以毫米水银柱或者毫巴计;温度以度计(摄氏);重量以吨或者公斤计;时间以小时和分钟计(格林威治平时二十四小时制,自子夜开始)。

第二十五条　在中华人民共和国境内飞行的外国民用航空器,应当在中国民用航空总局指定的机场降落。降落前应当取得降落机场的空中交通管制部门的许可;降落后,没有经过许可,不得起飞。

不定期飞行的外国民用航空器降落后,其机长还应当到机场空中交通管制部门报告在中华人民共和国境内的飞行情况,并且提交有关下一次飞行的申请。

第二十六条　外国民用航空器的空勤组必须在起飞前做好飞行准备工作,机长或其代理人至少要在预计起飞前一小时向中国民用航空总局有关的空中交通管制部门提交飞行计划。

如果航空器延误超过规定起飞时间三十分钟以上时,应当修订该飞行计划,或者另行提交新的飞行计划,并且撤销原来的飞行计划。

第二十七条　中华人民共和国境内机场的起落航线飞行通常为左航线。起落航线的飞行高度,通常为三百米至五百米。进行起落航线飞行时,禁止超越同型或者速度相接近的航空器。航空器之间的纵向间隔,一般应当保持在二千米以上,并且还要考虑航空器尾流的影响。经过机场空中交通管制员许可,大速度航空器可以在第三转弯前从外侧超越小速度航空器,其横向间隔不得小于五百米。除被迫必须立即降落的航空器外,任何航空器不得从内侧超越前面的航空器。

加入起落航线飞行必须经过机场空中交通管制员许可,并且应当顺沿航线加入,不得横向截入。

第二十八条　外国民用航空器在航空站区域内目视气象条件下飞行时,其空勤组应当进行严密的空中观察,防止与其他航空器碰撞;如果发生碰撞,航空器的机长应负直接责任。

第二十九条　外国民用航空器在中华人民共和国境内的机场起飞或者降落,高度表拨正程序按照下列规定进行:

(一)规定过渡高度和过渡高度层的机场

航空器起飞前,应当将机场场面气压的数值对正航空器上气压高度表的固定指标;航空器起飞后,上升到过渡高度时,应当将航空器上气压高度表的气压刻度七百六十毫米对正固定指标。航空器降落前,下降到过渡高度层时,应当将机场场面气压的数值对正航空器上气压高度表的固定指标。

(二)没有规定过渡高度和过渡高度层的机场

航空器起飞前,应当将机场场面气压的数值对正航空器上气压高度表的固定指标;航空器起飞后,上升到六百米高度时,应当将航空器上气压高度表的气压刻度七百六十毫米对正固定指标。航空器降落前,进入航空站区域边界或者根据机场空中交通管制员的指示,将机场场面气压的数值对正航空器上气压高度表的固定指标。

(三)高原机场

航空器起飞前,当航空器上气压高度表的气压刻度不能调整到机场场面气压的数值时,应当将气压高度表的气压刻度七百六十毫米对正固定指标(此时所指示的高度为假定零点高度)。航空器降落前,如果航空器上气压高度表的气压刻度不能调整到机场场面气压的数值时,应当按照降落机场空中交通管制员通知的假定零点高度(航空器着陆时所指示的高度)进行着陆。

第三十条　外国民用航空器在中华人民共和国境内起飞或者降落时,应当遵守中国民用航空总局规定的机场气象最低条件。当机场的天气实况低于机场气象最低条件时,航空器不得起飞或者着陆。在紧急情况下,如果航空器的机长决定低于机场气象最低条件着陆,须对其决定和由此产生的后果负完全的责任。

当机场天气实况十分恶劣,机场空中交通管制部门将关闭机场,禁止航空器起飞或者着陆。

第三十一条　在中华人民共和国境内的航路上或者起飞、降落机场附近有威胁航空器飞行的危险天气时,中国民用航空总局有关的空中交通管制部门可以向外国民用航空器的机长提出推迟起飞、返航或者飞往备降机场的建议;航空器的机长对此类建议有最后的决定权并对其决定负责。

第三十二条　在中华人民共和国境内飞行的外国民用航空器,如果发现可能危及飞行安全的严重故障时,中国民用航空总局的有关部门有权制止该航空器继续飞行,并且通知其登记国;该航空器可否继续飞行,由航空器登记国确定。

第三十三条　外国民用航空器在中华人民共和国境内飞行时,无论在任何情况下,不准飞入中华人民共和国划定的空中禁区。中国民用航空总局对飞入空中禁区的外国民用航空器的机长,将给予严肃处理,并且对该航空器飞入空中禁区所产生的一切后果,不负任何责任。

第三十四条　在特殊情况下,中国民用航空总局公布临时关闭有关的航路或者机场时,与该航路或者机场飞行有关的外国民用航空器,必须根据中国民用航空总局的航行通告或者有关的空中交通管制部门的通知,修订飞行计划。

第三十五条　在中华人民共和国境内飞行的外国民用航空器,除遇险情况下的跳伞外,只有得到中国民用航空总局有关的空中交通管制部门的许可,并且在指定的条件下,才可以向地面投掷物品、喷洒液体和使用降落伞。

第三十六条　在中华人民共和国境内飞行的外国民用航空器,如果发生严重危及航空器和机上人员安全,并且需要立即援助的情况时,其空勤组应当立即向中国民用航空总局有关的空中交通管制部门发出遇险信号,以便及时进行搜寻和援救。遇险信号以无线电话发出时用"MAYDAY",以无线电报发出时用"SOS"。遇险航空器在发出遇险信号后,应当尽可能将航空器呼号,遇险性质,现在的位置、高度、航向和机长的意图在遇险通信中发出。遇险通信应当在当时使用的地空无线电通信频率上发出;必要时,按照中国民用航空总局有关的空中交通管制部门的通知,将通信频率转到紧急频率上继续进行联络。这种紧急频率在航行资料汇编中提供。

第三十七条　在中华人民共和国境内飞行的外国民用航空器,如果发生可能危及航空器或者机上人员安全,但不需要立即援助的情况时,其空勤组应当立即向中国民用航空总局有关的空中交通管制部门发出紧急信号。紧急信号以无线电话发出时用"PAN",以无线电报发出时用"XXX"。遇有紧急情况的航空器,在发出紧急信号后,还应当将航空器呼号,紧急情况的性质,现在的位置、高度、航向和机长的意图在紧急通信中发出。紧急通信应当在当时使用的地空无线电通信频率上发出;必要时,按照中国民用航空总局有关的空中交通管制部门的通知,将通信频率转到紧急频率上继续进行联络。这种紧急频率在航行资料汇编中提供。

第三十八条　飞入或者飞出中华人民共和国国界的外国民用航空器,必须在指定的设有海关、检疫和边防检查站的机场降落或者起飞。

第三十九条　在中华人民共和国境内的外国民用航空器(包括其必须具备的文件以及空勤组成员、乘客和所载物品),应受中华人民共和国有关机关的检查。

第四十条　在中华人民共和国境内飞行的外国民用航空器,禁止载运爆炸物、易燃物、武器、弹药以及中华人民共和国政府规定的其他违禁品。

第四十一条　外国民用航空器在飞行中，如果空勤组成员或者乘客患急病，空勤组应当报告有关的空中交通管制部门，以便在降落后取得协助为病员进行必要的医疗。

第四十二条　在中华人民共和国境内飞行的外国民用航空器，如果违反本规则，中国人民解放军防空值班飞机可以强迫其在指定的机场降落。违反中国民用航空总局有关的空中交通管制部门的指示，以违反本规则论。

防空值班飞机拦截违反本规则的外国民用航空器和被拦截的外国民用航空器使用的信号，按照附件二的规定执行。

被强迫降落的外国民用航空器，只有得到中国民用航空总局的许可，才能继续飞行。

第四十三条　飞入或者飞出中华人民共和国国界和在中华人民共和国境内飞行或者停留的外国民用航空器，其空勤组成员和乘客，如果违反本规则，由中国民用航空总局或者其他主管机关根据具体情况给予罚款及其他处分；情节重大的由中华人民共和国人民法院处理。

第四十四条　本规则经中华人民共和国国务院批准后，由中国民用航空总局发布施行。

附件一

辅助指挥、联络的符号和信号

顺　序	含　义	昼　间	夜　间
1	请求着陆	航空器通过跑道上空并且摇摆机翼	航空器通过跑道上空并且闪烁航行灯或者打开着陆灯
2	允许着陆	着陆地带铺设"T"字布或者发射绿色信号弹	打开"T"字灯或者发射绿色信号弹
3	禁止着陆	将"T"字布摆成"十"字形或者发射红色信号弹	将"T"字灯改成"十"字形或者发射红色信号弹
4	请求立即强迫着陆	航空器通过跑道上空并且发出一颗或者数颗信号弹	航空器通过跑道上空并且发出一颗或者数颗信号弹
5	命令在备降机场降落	在"T"字布位置摆一箭头式，箭头指向备降机场	在"T"字灯位置摆一箭头式灯光，箭头指向备降机场
6	命令在迫降地带着陆	将"T"字布摆在迫降地带	关闭"T"字灯，用探照灯照射迫降地带
7	在机场上空做右起落航线飞行	在"T"字布前五米处用布摆一个三角形	在"T"字灯前五米处用灯光摆一个三角形
8	起落架未放下	将"T"字布分开五米或者发射红色信号弹	将"T"字灯分开五米或者发射红色信号弹

附件二

防空值班飞机拦截违反《外国民用航空器飞行管理规则》的外国民用航空器和被拦截的外国民用航空器使用的信号

类别	组别	拦截飞机的信号	含义	被拦截的外国民用航空器的信号	含义
拦截飞机先用的信号和被拦截的外国民用航空器回答的信号	第一组	昼间:在被拦截外国民用航空器的左前方摇摆机翼,得到问答后,向左作小坡度平飞转弯,进入应飞航向 夜间:同上,并且不规则地闪烁航行灯和着陆灯 注:如果由于气象或者地形条件限制,可以在违反规则的外国民用航空器右前方作此动作,接着向右转弯	你被拦截跟我来	昼间:摇摆机翼,并且进行跟随 夜间:同上,并且不规则地闪烁航行灯和着陆灯	明白,照办
	第二组	昼间或者夜间:在被拦截外国民用航空器的左前方,向左作大于90度的上升转弯,迅速脱离	你可以继续飞行	昼间或者夜间:摇摆机翼	明白,照办
	第三组	昼间:在机场上空盘旋,放下起落架,并且顺沿着陆航向通过跑道上空 夜间:同上,并且持续地打开着陆灯	你在此机场降落	昼间:放下起落架,进行跟随,并且通过跑道,如果认为能够安全着陆,即进行着陆 夜间:同上,并且持续地打开着陆灯	明白,照办
被拦截的外国民用航空器先用的信号和拦截飞机回答的信号	第四组	昼间:在高出场面300米以上,但不高于600米,通过跑道,收起起落架,继续在机场上空盘旋 夜间:在高出场面300米以上,但不高于600米,通过跑道,闪烁着陆灯,继续在机场上空盘旋 如果不能闪烁着陆灯,可以闪烁其他任何灯光	你所指定的机场不适当	昼间或者夜间:如果需要被拦截的外国民用航空器跟随飞往备降机场,应当收起起落架,并且使用一组信号 如果决定放行被拦截的外国民用航空器,应当使用第二组信号	明白,跟我来 明白,你可以继续飞行

参考文献

[1] 符长青,曹兵. 多旋翼无人机技术基础[M]. 北京:清华大学出版社,2017.

[2] 胡薇. 盘点无人机行业市场现状与发展趋势[EB/OL]. (2018 - 07 - 28)[2019 - 06 - 12]. http://www. elecfans. com/d/718264. html.

[3] 张德和. 美国倾转旋翼直升机的发展[EB/OL]. (2013 - 09 - 20)[2018 - 12 - 21]. https://www. xzbu. com/8/view - 4345525. html.

[4] 林子国. 变总距变转速四旋翼无人机设计技术研究[D]. 南京:南京航空航天大学,2017.

[5] 全权. 解密多旋翼发展进程[EB/OL]. (2016 - 06 - 17)[2019 - 03 - 22]. https://blog. csdn. net/u013401056/article/details/51698533.

[6] 范智伟. 一种多旋翼无人飞行器的总体设计与实现[D]. 武汉:华中科技大学,2016.

[7] 吴晓飞. 四旋翼无人机飞行控制系统研究与设计[D]. 南京:东南大学,2018.

[8] 蔡亦清. 基于DSP和FPGA的飞行器双核控制设计[D]. 太原:中北大学,2017.

[9] 雍巍. 几种多旋翼式无人机精确空间定位方式的讨论[J]. 山东工业技术,2016(3):282 - 284.

[10] 贺成龙,陈荣,田亮,等. 单兵小型无人机侦察系统发展与分析[J]. 飞航导弹,2013(1):27 - 31.

[11] 高同跃,龚振邦,罗均. 超小型无人机数据链的现状[J]. 飞航导弹,2005(9):55 - 57.

[12] 刘志友. 仿生飞鱼滑翔性能的数值模拟研究[D]. 杭州:浙江大学,2019.

[13] 张云琦. 油电混合无人机控制技术研究[D]. 北京:北京理工大学,2016.

[14] 唐堂. 四旋翼无人机姿态的自抗扰控制算法研究[D]. 桂林:广西师范大学,2018.

[15] 李大伟,杨炯. 开源飞控知多少[J]. 机器人产业,2015(3):83 - 93.

[16] 陆伟男,蔡启仲,李刚,等. 基于四轴飞行器的双闭环PID控制[J]. 科学技术与工程,2014(33):127 - 131.

[17] 苗正戈,刘迪,梁成林,等. 卡尔曼滤波器在PID控制中的仿真研究[J]. 电子设计工程,2011,19(18):11 - 13.

[18] 柴光远,刘振华,赵鹏兵,等. 卡尔曼滤波器在电液位置伺服控制系统中的应用[J]. 组合机床与自动化加工技术,2010(8):42 - 44.

[19] 李一波,李振,张晓东. 无人机飞行控制方法研究现状与发展[J]. 飞行力学,2011,29(2):1 - 5.

[20] 雷珂. 基于低空管理系统的四旋翼无人机姿态监视研究[D]. 烟台:烟台大学,2018.

［21］ 崔永明. 农业植保无人机的结构原理和使用方法［J］. 农机使用与维修，2018(7)：29－30.

［22］ 张晨光. 浅谈无人机航拍技术在电视节目中的应用［J］. 现代电视技术，2016(6)：118－120.

［23］ doodle. 无人机飞控系统的原理、组成及作用详解［EB/OL］.(2017－02－08)［2019－11－21］. http://www. elecfans. com/application/Military ＿ avionics/2017/0208/481236. html.

［24］ Dick. 无人机飞控、增稳云台、图传模块选型解读［EB/OL］.(2016－06－11)［2019－03－13］. http://www. elecfans. com/news/dianzi/20160611422652. html.

［25］ 杨鑫. 轻小型无人机遥感系统的设计与实现［D］. 长沙：国防科技大学，2017.

［26］ 传感器技术. 剖析现代无人机地位和作用及其飞控关键技术［EB/OL］.(2017－04－11)［2019－12－15］. http://www. elecfans. com/d/606513. html. 2017.

［27］ 白开水，XTR 模拟器［EB/OL］.(https://baike. sogou. com/v53165278. htm? fromTitle＝XTR＋％E6％A8％A1％E6％8B％9F％E5％99％A8).

［28］ 曾舒婷，夏庆峰，朱烨，等. 一种小型四旋翼航拍无人机技术与实现［J］. 电脑知识与技术，2018，14(31)：225－228.

［29］ microdrones 四旋翼无人飞行器操作手册［EB/OL］.(2017－02－08)［2019－09－15］. http://www. doc88. com/p－8496317944917. html.

［30］ 鲍凯. 玩转四轴飞行器［M］. 北京：清华大学出版社，2015.

［31］ 章玄. 基于无人机产业发展下的空域管理体制改革研究［D］. 南昌：南昌航空大学，2018.

［32］ 丰宗旭，高文明. 空域特性及空域管理［J］. 空中交通管理，2002(5)：11－13.

［33］ 田凤. 无人机飞行计划管理及其验证系统研究［D］. 南京：南京航空航天大学，2017.